WILDNIS
DÜRRENSTEIN

Wildnisgebiet Dürrenstein

Wälder aus längst vergangenen Tagen

Christoph Leditznig
&
Reinhard Pekny

mit einem Beitrag von
Friedrich Salzer

wir beschützen den größten urwald mitteleuropas

In der Wildnis
liegt die Erhaltung der Welt

(Henry David Thoreau, 1845)

Foto Seite 3:
Der Urwald Rothwald

Wo Bäume in Würde altern, füllt sich der Wald mit geheimnisvollem Leben!

Christoph Leditznig
und
Reinhard Pekny

Herausgeber und Bezugsadresse:
Schutzgebietsverwaltung Wildnisgebiet Dürrenstein
Brandstatt 61
A – 3270 Scheibbs
Email: office@wildnisgebiet.at
Internet: www.wildnisgebiet.at

4. korrigierte Auflage, Oktober 2014

Druck: Queiser Gesellschaft mbH, 3300 Amstetten
ISBN 978-3-9503587-0-4

ZUM BUCH

Sind Bücher im Zeitalter der modernen Medien, wie beispielsweise des Internets überhaupt noch zeitgemäß? Diese Frage haben auch wir uns vor der Produktion dieses Bildbandes gestellt. Immerhin stecken viel Arbeit und viel Herzblut in diesem Buch, das einerseits als Erfüllung unseres Auftrages, aber anderseits als ein wirkliches Bedürfnis zur Präsentation dieses einmaligen Gebietes unsererseits zu werten ist. Wie Sie sehen, wurde die oben gestellte Frage von uns trotz eigener Homepage usw. mit „Ja" beantwortet. Wir haben uns bemüht, ein Buch, bereits zum vierten Mal, aufzulegen, das alleine schon durch seine Bilder „sprechen" und faszinieren kann. Die Texte, die Ihnen helfen sollen, das Wildnisgebiet Dürrenstein und dessen Bedeutung noch besser zu verstehen, sind eigentlich nur als Ergänzung zu den sorgsam ausgewählten Aufnahmen gedacht. Die Auswahl der Fotos soll unter anderem ein Spiegelbild unserer ureigensten Emotionen im Umgang mit diesem wirklich einmaligen Gebiet sein.

Nur unter Mithilfe zahlreicher Personen war es möglich, dieses Buch in der vorliegenden Form zu verfassen. Wir danken daher all jenen, die am Zustandekommen dieses Werkes mitgewirkt haben, namentlich: Mag. Friedrich Salzer, der die Kapiteln zu den Themen Geologie und Klima entwarf, sowie Franz Aigner, Anna Baar, FM Dipl. Ing. Johannes Doppler, Mag. Dr. Thomas Ellmauer, Dr. Sabine Fischer, Walter Fischer, Hans Glader, Thomas Hochebner, Ing. Franz Kovacs, Magª. Ingrid Kohl, Vera Kupelwieser, Theo Kust, Thomas Leditznig, Wilhelm Leditznig, Dr. Annamaria Leditznig-Denk, Markus Mauthe, Ing. Roland Mayr, Reinhard Osterkorn, Österreichische Bundesforste AG, Josef Pennerstorfer MSc, Ing. Walter Pölz, Johannes Pötscher, Magª. Eva-Maria Rameder, Gerhard Rotheneder, Dipl. Ing. Stefan Schörghuber, Gerhard Wieland (Druckerei Queiser), Johann Zehetner und dem Hauptdarsteller – dem Wildnisgebiet Dürrenstein, dem einzigen Wildnisgebiet der Kategorie I im Alpenraum, mit all seiner Schönheit und seinen Lebewesen.

Dank schulden wir auch unseren Geldgebern, im Speziellen dem Land Niederösterreich.

Das Zustandekommen dieser 4. Auflage verdanken wir dem Kuratorium „Freunde des Wildnisgebietes Dürrenstein", das sich tatkräftig für die Wildnis engagiert.

Abschließend möchten wir Sie auffordern, sich von den Fotos und den Texten in das Buch und in das Gebiet „hineinziehen" zu lassen und wünschen Ihnen viel Vergnügen beim „Schmökern" im Wildnisgebiet Dürrenstein. Es würde uns sehr freuen, wenn auch Sie sich von diesem österreichischen Kleinod gefangen nehmen lassen.

DI Dr. Christoph Leditznig

Reinhard Pekny

Scheibbs, im Oktober 2014

Foto Seite 10:
Das Dürrensteinmassiv im Frühling

Foto Seite 12
Der Strukturreichtum, wie hier im Bereich der Baumkronen, ist eine wichtige Grundlage für den Artenreichtum in unseren Urwäldern

Foto Seite 14:
Der Urwald Rothwald ist das Kernstück des Wildnisgebietes Dürrenstein

Foto Seite 16:
Mit mehr als 2.000 mm Jahresniederschlag ist das Wildnisgebiet eine der niederschlagsreichsten Regionen Österreichs

Foto Seite 18:
Pilze tragen zum Abbau des Totholzes maßgeblich bei (Austernseitling)

Foto Seite 19:
Auch der Schlangenbärlapp kann auf totem Holz gedeihen

Foto Seite 20:
Der Rothirsch gehört zu den Charakterarten des Wildnisgebietes

Foto Seite 21
Die Quelljungfer jagt an den Waldrändern

Foto Seite 22
Diese nur wenigen Millimeter großen Algen, Pilze und Flechten zeigen die „bunte Vielfalt" des Lebens auf engsten Raum

Stiegengraben
Ybbstaler Htt.
Rudenau
Rudenauer Berge
Goldaugraben
Hagenbach
Säubersb.
Höllgrabenbründl
Höllgraben
Hirzeck
Am Hohen Hirzeck
Ostellner Alm
Schwarzkg.
Großer Hühnerkg.
Dürrensteinalm
Bärenlacke
Hüttenkg.
Hochkogel
Gschwendmauer
Nachbargau
Nachbargauboden
Kanlehen
Stierkopf
Hochkirch
Ybbssteinbachwald
Jhtt. Dürreck
Roteck
Lärchengr.
Predigtstuhl
Springkogel
Noten
Buchmauer
Kitzmauer
Steinbach
Sonnstein
Ofenau
Steinbach Schattseite
Langriedel
Krautgr.
Bärensteinmäuer
Bärensteingr.
Hundsau
Schl. Steinbach
Hundsaugraben
Brennleiten
Wandeckrücken
Klausgraben
Ofenauer Fürhaupt
Draxlergr.
Loskögel
Mitterberg
Hirschtal
Hocheck
Lahnbach
Lahnbachwald
Mardersattel
Windischbachau
Alpisattel
Freiengrabenwald
Alpbach
Waldstein
Rotwald
Kesselhöhe
Waldsteinsttl.
Ringkogel
Tremel
Schwarzkogel
Gamskogel
Brunngraben
Schindgraben
Blechmauer
Drei Keuschen
Irxenau
Klauskogel

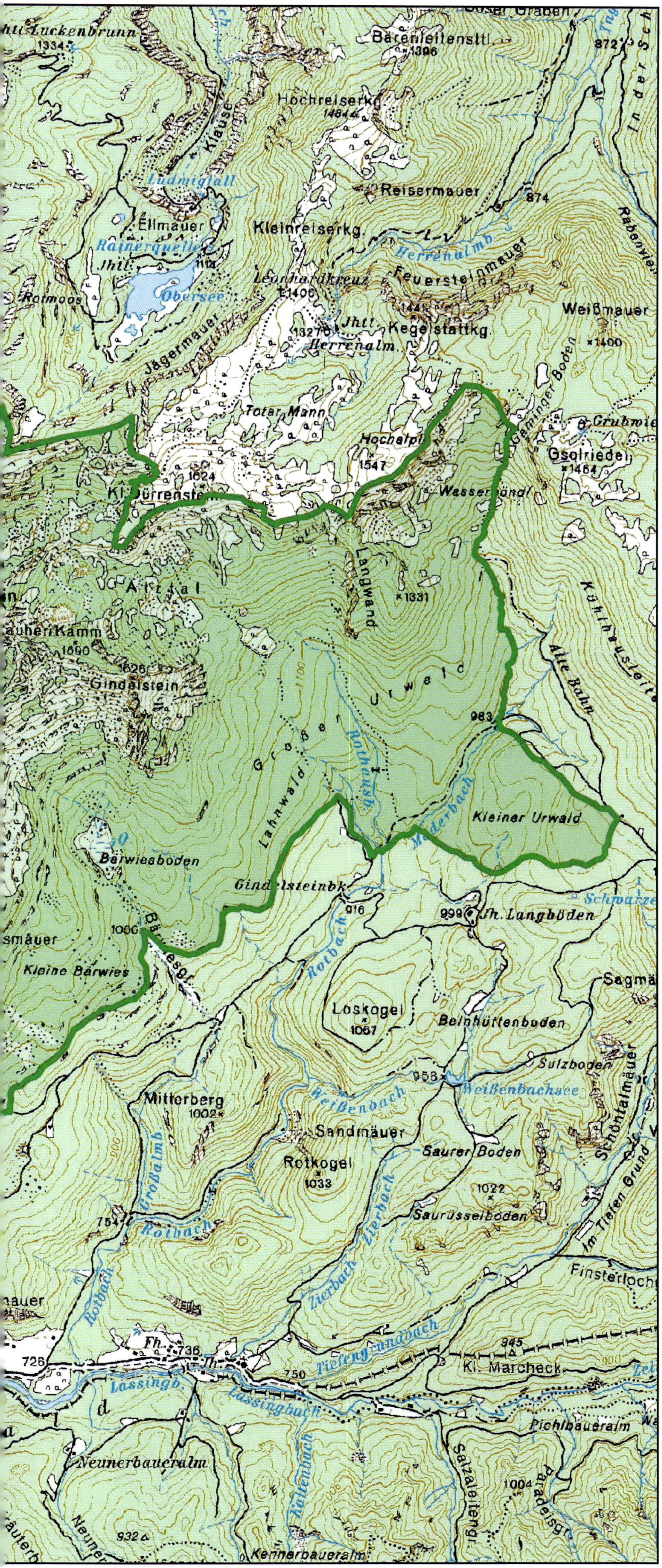

WILDNIS DÜRRENSTEIN

Gebietsabgrenzung

N

0 2.000 m

Projektion: Gauß-Krüger, Bezugsmeridian: 34° östl. Ferro

Datenquellen:

Rasterdaten (ÖK 50.000, DHM, Orthophotos):
Bundesamt für Eich- und Vermessungswesen,
Gr. L. 1080 Wien
(Überlasser vom Amt der NÖ Landesregierung,
Landesbaudirektion, NÖGIS)

GIS-Bearbeitung: J. Pennerstorfer
Datum: April 2013

Totholz ist einer der wichtigsten „Bausteine" des Naturwaldes

GEDANKEN ZUR WILDNIS

Der Begriff „Wildnisgebiet" kommt aus den USA, wo man schon sehr früh den Wert von großen, weitgehend unberührten Arealen erkannte und diese unter Schutz gestellt hat, damit der Mensch Wildnis erleben kann. Jegliche wirtschaftliche Nutzung ist untersagt. Auch die Verwendung von technischen Hilfsmitteln wie Fahrzeugen zur Durchquerung dieser Gebiete ist nicht zulässig. Sie umfassen meist riesige Flächen von einigen tausend Quadratkilometern. Heute ist ein Wildnisgebiet eine von der Weltnaturschutzorganisation IUCN festgelegte Schutzgebietskategorie. Wildnisgebiete dienen dem Schutz natürlicher Ressourcen. In einem Wildnisgebiet haben der Naturschutz und die Unberührtheit höchste Priorität. Die Erholungswirkung für die Bevölkerung und regionalwirtschaftliche Aspekte spielen keine bzw. eine geringe Rolle. Große Bedeutung hat jedoch der Bildungsauftrag, der auch im Wildnisgebiet Dürrenstein sehr ernst genommen wird.

Bei unseren Führungen, Vorträgen und Publikationen legen wir großen Wert darauf, weder den Naturwald zu idealisieren noch den Wirtschaftwald zu verteufeln. Es ist wichtig, den Menschen klar zu machen, dass wir ohne die Nutzung natürlicher Ressourcen nicht überleben können. Der Wald als Rohstoff- und Energielieferant wird in Zukunft an Bedeutung gewinnen und es ist völlig legitim, diese Ressourcen zu nutzen. Die Frage ist immer, wie genutzt wird: Die Bandbreite reicht von naturnaher Waldwirtschaft bis zur Holzplantage Typus „Fichtenacker" oder dem Raubbau an Naturwäldern. Diese Abstufungen des Wirtschaftswaldes vergleichen wir mit dem naturbelassenen Urwald und versuchen so, ein Empfinden für die Möglichkeiten eines verantwortungsbewussten und nachhaltigen Wirtschaftens zu erreichen.

Für den Begriff Wildnis gibt es viele verschiedene Interpretationen, denn er stellt für jeden Menschen etwas anderes dar. Auch die Emotionen, die Wildnis auslöst, sind so unterschiedlich wie die Menschen selbst. Dem Einen ist schon die „Wildnis" in Nachbars Garten, weil niemand zeitgerecht den Rasen mäht, ein Dorn im Auge und löst trotz ihrer Harmlosigkeit Unbehagen aus. Für den Anderen ist Wildnis die unberührte, romantisierte Weite ferner Kontinente – und das Empfinden darüber ist etwas Erhebendes, Erhabenes. Wir sollten uns bewusst sein, dass Wildnis eigentlich ein Kontrastbegriff ist. Sie existiert für sich alleine gar nicht, sie wird erst im Vergleich zur Kulturlandschaft real, denn unberührte Natur ohne menschliches Tun und ohne menschliche Betrachtung würde völlig wertfrei existieren. Erst im Spannungsfeld zu der uns umgebenden Zivilisation, als Kontrast zu der von uns Menschen genutzten, veränderten, beeinflussten und „gemanagten" Kulturlandschaft erlangt dieser Begriff eine Bedeutung. Die unberührten Weiten Alaskas sind für viele Menschen wohl der Inbegriff von Wildnis. Würde man einen dort lebenden Inuit mit der Frage konfrontieren, was er von dieser „wunderbaren Wildnis" hält, würde man wohl nur Unverständnis ernten. Für den „Eingeborenen" ist die unberührte Naturlandschaft seines Umfeldes nicht Wildnis, sondern Lebensraum und Heimat!

Die Folgen der Kadaververjüngung sind Stelzwurzeln

Wildnis zulassen bedeutet auch, die Auswirkungen von „Naturkatastrophen“ zu akzeptieren

Viele der Landschaften, die uns als spektakuläre Wildnis ins Wohnzimmer geliefert werden, sind schon lange nicht mehr so „wild“ wie wir es uns gerne vorstellen. Nur der begrenzte Blick durch das Videoobjektiv vermittelt diesen Eindruck und die Unwissenheit über Zusammenhänge und den tatsächlichen Zustand vermeintlich unberührter Natur löst bei uns ein „Wildnisempfinden“ aus.

Nach diesen Ausführungen wird es notwendig, zwei grundsätzliche Fragen in den Raum zu stellen: Gibt es Wildnis auf unserem Planeten überhaupt noch und was ist Wildnis eigentlich? Wenn man Wildnis als einen Lebensraum definiert, der nicht vom Menschen beeinflusst ist, dann gibt es keine Wildnis mehr. Unsere Einflussnahme auf das Klima, Nährstoffeinträge über die Luft, die weltweite Verfrachtung von Schadstoffen und die intensive Nutzung fossiler und atomarer Energiequellen haben die Erdoberfläche bis in die entlegensten Winkel beeinflusst. Die Fragen, die sich daraus ergeben, sind schwierig zu beantworten: Kann Wildnis den Menschen beinhalten, oder schließt jegliches menschliche Handeln Wildnis von vornherein aus?

Wir verstehen unter Wildnis jene Gebiete auf dieser Erde, welche wir bewusst aus der Begehrlichkeit unseres Wollens heraushalten, wo wir unsere auf Gewinn ausgerichteten wirtschaftlichen Tätigkeiten unterlassen und die Ausbeutung der natürlichen Ressourcen und Bodenschätze nicht zulassen. Wildnis schließt eine nachhaltige Nutzung durch die indigene Bevölkerung nicht von vornherein aus, wenn diese Tätigkeiten keine Veränderung des Ökosystems, auch langfristig betrachtet, zur Folge haben. Es können aber auch ehemals genutzte Gebiete, aus denen wir uns zurückziehen und in denen natürliche Prozesse wieder ablaufen dürfen, zu Wildnis werden! Das gilt für naturnahe Biotope ebenso wie für stark vom Menschen überprägte Flächen, wie etwa Industriebrachen. Natürlich brauchen letztere viel längere Zeiträume bis sie wieder Wildnis werden, aber alleine unser Entschluss, sie aus der menschlichen Einflussnahme herauszunehmen und einer selbstbestimmten Entwicklung zu überlassen, machen sie wieder zu Wildnis! Bis sich auf diesen Flächen wieder Ökosysteme einstellen, die den ursprünglichen ähnlich sind, dauert es Jahrhunderte. „Wildnis“ im weiteren Sinne werden diese Gebiete aber eigentlich mit unserem Entschluss, nicht mehr steuernd einzugreifen.

Abgestorbene Bäume speichern während ihrer jahrzehntelangen Verrottung viel Wasser und tragen damit zum Hochwasserschutz bei

Durch den Verzicht auf Nutzung im anthropozentrischen Sinn wird Wildnis in unserer auf Wirtschaftlichkeit und Gewinn orientierten Gesellschaft schnell zu etwas Nutzlosem. Doch es existieren noch andere Werte, und gerade diese „Nutzlosigkeit" macht auf emotionaler und spiritueller Ebene den hohen Wert der Wildnis aus. Sie ist dadurch Vorbild für eine innere Haltung, die den Wert einer Sache allein durch ihr Sein, ohne davon irgendwelche vordergründige Vorteile zu erzielen, anerkennt. Sie rückt uns Menschen aus dem Mittelpunkt des Universums, macht uns vom Manager der Welt zu einem stillen Beobachter, welcher seine Begehrlichkeiten zurücknimmt und und den natürlichen Abläufen das Recht auf Selbstbestimmung zuspricht.

Wie schwierig es aber für uns Menschen ist, diese Begehrlichkeiten und uns selbst zurück zu nehmen, zeigt die alltägliche Diskussion in verschiedensten Schutzgebieten weltweit. Auch als Verantwortlicher für ein Stückchen Wildnis steht man immer wieder vor der Frage: Soll und darf der Mensch hier steuernd eingreifen, ab wann dürfen wir Wildnis bewahren, oder ist jedes Bewahren schon zu viel Lenkung für die Wildnis und zerstört sie? Kann man Wildnis managen? Unsere Antwort ist eigentlich ein „Nein"! Man kann aber das Umfeld und die Rahmenbedingungen schaffen, damit wieder Wildnis entstehen kann – oder auch erhalten bleibt, dort wo es sie noch gibt.

Foto Seite 30 oben: Ostteil des Wildnisgebietes mit Blick ins Gesäuse und in die Eisenerzer Alpen

Foto Seite 30 unten: Der Herbst verrät die Baumartenzusammensetzung der natürlichen Bergwaldgesellschaft

Die Idealvorstellung wäre natürlich, sich als Mensch völlig zurück zu nehmen, nur mehr als Beobachter dafür zu sorgen, dass keine Einflussnahme durch „Zivilisation" geschieht. In unserer beengten Welt, vor allem im dicht besiedelten Europa, sind absolutistische Ansprüche in diese Richtung nicht mehr zu verwirklichen. Was wir aber versuchen müssen, ist jedwede Begehrlichkeit abzuweisen. Das Wort „Wildnispark" ist immer wieder zu hören, weil es von Nationalpark abgeleitet wird. Es ist aber ein Widerspruch in sich selbst, denn ein Park ist etwas Gepflegtes, bewusst Gestaltetes und damit der krasse Gegensatz zur Wildnis.

Der Eichelhäher warnt mit seinen Rufen andere Tiere vor Fressfeinden

Wildnisgebiete haben eine einzigartige Bedeutung für die Wissenschaft. Sie sind nicht nur „Freilandlabore" sondern auch Genreservoire, vor allem dort, wo auch Urlandschaft noch Teil der Wildnis ist! Welche bedeutsamen Erkenntnisse aus diesen Gebieten gewonnen werden können, die auch für die von uns bewirtschafteten Flächen wichtig sind, zeigen die Forschungsergebnisse aus dem Urwald Rothwald, die helfen, tatsächlich nachhaltig im Forst zu arbeiten. Diese Erkenntnisse berühren vordergründig nur einen begrenzten Interessentenkreis. Von der richtigen Bewirtschaftung unserer Wälder hängen aber auf lange Sicht gesehen, nicht nur der Ertrag der Forstwirtschaft, sondern auch die Wohlfahrtsfunktionen des Waldes, welche die gesamte Bevölkerung betreffen, ab.

Foto Seite 33: Die vom Parasol gebildeten „Schwammerl" gehören zu den größten Pilzfruchtkörpern

In den Bachläufen sammeln sich große Mengen Totholz

Darüber hinaus gibt es Aspekte, die alle Menschen persönlich betreffen. In unserer Entwicklungsgeschichte war Wildnis einstmals unsere Heimat. Irgendwann haben wir diese körperlich und spirituell verlassen, um uns zu zivilisieren. Ab diesem Zeitpunkt war alles, was außerhalb des menschlichen Siedlungsraumes, außerhalb unserer Kulturlandschaft und deren Einflussnahme lag, feindlich, bedrohlich und musste bekämpft werden. Das außerhalb des „Zaunes" lag, sollte auch draußen bleiben, und alles, was diese Grenze überschritt, brachte nur Unbill. Es kam in Form eines Raubtieres, das Vieh oder Menschen gefährdete, oder in Form von „Geistern", die durch Naturgewalten Unheil über die Menschen brachten und unsere Zivilisation bedrohten.

Jahrhunderte lang gab es den Kampf an dieser Grenze zwischen Wildnis und Kulturland und der Zaun war die sichtbare Manifestation dieser Auseinandersetzung. Eigentlich entstand erst durch die Errichtung von Zivilisation auch das Gegenteil – Wildnis! In der Frühzeit gab es auch spirituelle Vermittler zwischen diesen Welten, bei uns „Zaunhocker" oder „Haga Hussa" genannt, aus denen später die Hexen wurden. In unserem Kulturkreis wurden sie durch die fortschreitende „Zivilisierung" aber von der Vermittlerrolle zwischen Wildnis und Zivilisation allmählich ins „Böse" abgedrängt und schlussendlich vernichtet. So hatten wir den Kontakt zur Wildnis vollends verloren. Danach hatte Wildnis keinen Wert mehr, die einstigen tiefen Verbindungen und Abhängigkeiten wurden einfach vergessen oder verdrängt.

Totholz stellt auch im Winter für viele Organismen „behagliche" Lebensräume bereit

Erst der Wohlstand des zwanzigsten Jahrhunderts billigte Wildnis wieder einen Wert zu. Diese Wertzuteilung ist eine außerordentliche Kulturleistung, denn der zivilisierte Mensch wäre in einem Wildnishabitat nicht überlebensfähig – er anerkennt aber den Wert des Nichtproduktiven, den Wert des eigentlich Wertlosen, oder besser ausgedrückt, des „Nicht-Bewertbaren". Ebenso, wie wohl jeder den Wert einer Oper oder eines Gedichtes anders festlegen wird, fällt es auch beim Begriff „Wildnis" schwer, eine objektive Evaluation vorzunehmen. Die Tatsache, dass für den Erhalt oder das Wiederentstehen von Wildnis in Europa und weltweit heute beträchtliche Summen aufgewendet werden, zeigt uns den Stellenwert in unserer heutigen Gesellschaft. Ähnlich wie Kultur eine essentielle emotionale Nahrung für uns Menschen spendet, so ermöglicht uns die Wildnis eine tiefgehende Selbsterfahrung. Sie regt uns zur Selbstreflexion an und kann helfen, unseren Platz in diesem Universum zu definieren und zurecht zu rücken. Wildnis ermöglicht uns eine Kalibrierung des Wertesystems, sie relativiert unser Schubladendenken in Gutes und Böses, in Schädliches und Nützliches.

Im Urwald ragen die Nadelbäume mit bis zu 60 m Höhe weit über das Kronendach der Buchen hinaus

Ist der „Gamshiata“ dicht, sind die Gämsen vor menschlicher Nachstellung sicher

Sie vermittelt demjenigen, der zuzuhören vermag, dass wir in unserer Bedeutungslosigkeit doch einmalig und unersetzlich sind. Diese Botschaft wird von jedem Menschen unterschiedlich wahrgenommen. Der eine empfindet dies ergreifend, intensiv und positiv, dem anderen erscheint es gefährlich und bedrohlich. Dies hängt davon ab, wie weit man sich selbst zurücknehmen kann, von der Fähigkeit, seine eigene Wichtigkeit zu relativieren und sich zumindest für kurze Zeit aus dem Mittelpunkt des Universums zu rücken. Dies ist eine Fähigkeit, die sehr wesentlich sein kann, denn selbst in einem unendlichen Universum ist im Mittelpunkt zu wenig Platz für alle.

Durch Nebel und Frost bildet sich Raureif

Foto Seite 38: Oberhalb von 1.400 m Seehöhe findet man nur mehr wenige Fichten. Vermutlich führte die Jahrhunderte lang dauernde Beweidung zum Absinken der Baumgrenze

Dieser auffällig gefärbte Zweiflügler gehört zur Familie der Schwebfliegen

Kann es also in einem hoch entwickelten Land wie Österreich überhaupt noch Wildnis geben und wie und wo könnte sie sich wieder entwickeln? Abgesehen von den „unproduktiven" Fels- und Gletscherregionen im Hochgebirge sind in Österreich kaum mehr „unberührte" Flächen oder gar Regionen zu finden. Der Großteil der Landesfläche wird bewirtschaftet und unterliegt den unterschiedlichsten Nutzungsansprüchen, ist also keine Wildnis mehr. Unsere Vorfahren waren in der Umwandlung von Naturlandschaft in Kulturland äußerst effektiv und gründlich. Dies geschah eigentlich aus eher unerfreulichen Gründen. Es herrschte bittere Not und Jahrhunderte lang lebte der Großteil der Bevölkerung in Armut und permanenter existentieller Bedrohung. Nur auf sehr begrenzten und kleinen Flächen konnten sich weitgehend ungestörte Lebensräume erhalten und der Anteil an Urlandschaft, vor allem an Urwäldern, ist verschwindend gering. Dabei machten Wälder den Großteil der Lebensräume in Mitteleuropa aus.

Der Dickkopffalter ist im Juni häufig anzutreffen

Dieses Buchfinkenweibchen hudert seine wenigen Tage alten Jungen

Für mitteleuropäische Verhältnisse besitzt Österreich mit fast 50 % der Landesfläche einen hohen Waldanteil. Dies sollte uns aber nicht darüber hinwegtäuschen, dass das Wildnisgebiet derzeit nur 0,04 Prozent ausmacht und nur etwa 0,01 Prozent unserer Staatsfläche von Urwäldern bedeckt sind! Unser Schutzgebiet ist in zwei Teilgebiete nach IUCN gegliedert. Der ursprüngliche Primärwald mit den umliegenden Wäldern ist Kategorie Ia „strenges wissenschaftliches Reservat". Das restliche Gebiet wird unter Kategorie Ib „Wildnisgebiet", geführt. Wenn man den Menschen darlegt, welche Zeitspannen manche Abläufe im Ökosystem Wald benötigen, wie wenige „Baumzeit" und „Baumgenerationen" seit der letzten Eiszeit verstrichen sind und in welch rasendem Tempo wir Menschen massiv in diese Abläufe eingreifen, oft ohne über Folgen nachzudenken, können wir bei den meisten unserer Besucher tiefe Ergriffenheit auslösen. Damit haben wir in einer Weise die längst vergessene Aufgabe der „Haga Hussa", der „Zaunhocker", übernommen, die zwischen Wildnis und Zivilisation vermitteln.

Der Erlenzeisig zählt zu unseren Brutvögeln

Die vielfältigen Moose prägen das Erscheinungsbild des Waldbodens

Der Titel einer Tagung zum Thema Wildnis war die Frage: Ist Wildnis ein Wagnis? Darauf stellt sich aus unserer Sicht sofort eine Gegenfrage: Für wen könnte Wildnis ein Wagnis sein? Für uns als Protagonisten ist die Antwort eindeutig. Sie ist eine unabdingbare Notwendigkeit um die Zusammenhänge in der Natur besser zu verstehen. Wissen, das für unser langfristiges Überleben auf diesem Planeten von essentieller Wichtigkeit ist! Verständlicherweise versuchte der Mensch in der Vergangenheit den Gefahren der Wildnis zu entgehen, sein Überleben gegen die Kräfte und Mächte der Evolution, der gnadenlosen Selektion zu sichern. Er versuchte und es gelang ihm auch, viele Faktoren, die auf ihn einwirkten, zu kontrollieren und zu seinem Nutzen einzusetzen. Damit ging das Zurückdrängen von Wildnis Hand in Hand, denn das Unkontrollierte musste gezähmt und beherrschbar gemacht werden.

Es ist ein Zeichen großer Selbstsicherheit, dass wir heute wieder so weit sind, unserem Jahrtausende lang bekämpften Feind, der „nutzlosen Wildnis“ ein Existenzrecht zuzusprechen und sich für ihren Erhalt und ihr Wiedererstehen einzusetzen. Das Wagnis besteht vielleicht darin, dass das Bewahren von Wildnis einen hohen Einsatz erfordert, da vielfältige, kurzfristige Interessen dagegen stehen und beim Thema Wildnis Halbheiten und Kompromisse nicht möglich sind. Wir haben nur mehr wenig Wildnis auf unserem Planeten, aber sie kann wieder entstehen! Für dieses Entstehen naturnaher Wildnis werden aber Zeiträume benötigt, die über eine menschliche Lebensspanne hinausgehen. Wir müssen darauf vertrauen, dass auch Menschen nach uns den Wert der Wildnis anerkennen und sich dafür engagieren. Durch Umweltbildung legen wir den Grundstein dafür, und wir hoffen, dass auch andere jetzt und in Zukunft dieses „Wagnis“ mit Begeisterung auf sich nehmen.

Ein Wildnisgebiet nach unserem Verständnis soll aber nicht nur vorhandene Wildnis bewahren, sondern auch die Gelegenheit bieten, dass wieder Wildnis entsteht. Dabei unterscheiden wir deutlich zwischen Wildnis und Urwald. Urwald ist nur jener Teil, welcher seit der letzten Eiszeit keiner menschlichen Nutzung unterlag. Auf den restlichen Flächen wird Urwald nicht mehr entstehen, außer man betrachtet dies in erdgeschichtlichen Zeiträumen, wo nach einer weiteren Eiszeit eine Wiederbewaldung denkbar wäre. Wildnis hingegen kann sehr wohl – nach der Zurücknahme der menschlichen Einflüsse – auch aus den Wirtschaftwaldteilen erwachsen. Bei ausbleibenden Eingriffen gestalten einige Faktoren wie Totholzanteil und Mischungsverhältnis die Bestände naturnäher und Organismen aus dem Kerngebiet, dem Urwald, können allmählich wieder selbstständig einwandern. Diese Möglichkeit besteht leider in vielen Schutzgebieten nicht mehr, weil eine unberührte Urwaldzone als Genreservoir fehlt und diese Organismen unwiederbringlich verloren gegangen sind.

Foto Seite 44: Die Weiße Silberwurz bildet selbst auf nacktem, senkrechtem Fels dichte Polster

Nur bei Starkregen schwellen die Urwaldbäche kurzzeitig an

„Tränender" Baumschwamm (Rotrandporling)

ZUR GESCHICHTE DES WILDNISGEBIETES

Wenn man in Mitteleuropa und so auch in Österreich nach „Urlandschaften“ sucht, muss man feststellen, dass unsere Vorfahren bei der Umwandlung von Naturlandschaft in Kulturlandschaft äußerst gründlich waren. Überall dort, wo eine Nutzung möglich war, wurde diese durchgeführt. Weitgehend unbeeinflusst bis in unsere Tage blieben nur hochgelegene Gebiete jenseits der Baumgrenze in den Felsregionen der Alpen und im Reich des „ewigen Eises“. Dieser starke Nutzungsdruck hatte, wie bereits ausgeführt, eine wenig erfreuliche Ursache. Die Menschen litten oft unter bitterem Mangel und bei den kleinsten Wetter- oder Klimakapriolen kamen unsere Vorfahren in lebensbedrohliche Notsituationen. Die Ausbeutung und Nutzung sowie die damit verbundene Umwandlung natürlicher Ökosysteme entsprang nicht einer Zerstörungswut, sondern war Resultat eines gnadenlosen Überlebenskampfes. Oft kamen noch politische oder religiöse Wirren mit kriegerischen Auseinandersetzungen dazu, welche die Not der Menschen weiter steigerten. Auch die Verfolgung und Ausrottung des Großraubwildes sowie aller Konkurrenten um Nahrung und Lebensraum erscheint unter diesem Blickwinkel verständlicher. Nicht die „bösen Jäger“ haben die letzten Bären, Wölfe oder Luchse, Biber oder Auerochsen, Elche oder Wisente aus Lust und Tollerei erlegt, sondern es war gesellschaftlicher Auftrag, diese Konkurrenten zu beseitigen, um ein wenig mehr Sicherheit in das von vielen Seiten bedrohte Überleben zu bringen. Daher muss man sich fragen, wie es möglich war, dass in Niederösterreich der größte Urwaldrest Mitteleuropas, ja im gesamten Alpenbogen, all die Jahrhunderte der rücksichtslosen Ausbeutung überstehen konnte. Man muss weit in der Geschichte zurückgehen um zu verstehen, welche Zufälle und Gegebenheiten dazu geführt haben, dass dieser Urwald mit etwa 400 Hektar Ausmaß allen Begehrlichkeiten zum Trotz bis heute ungenutzt überdauert hat.

Die schriftlichen Aufzeichnungen über dieses Gebiet beginnen im größeren Umfang mit der Epoche der Kartäuser ab dem Jahr 1330. Am 24. Juni jenes Jahres wurde der Stiftsbrief durch den Habsburger Albrecht II, Herzog von Österreich, ausgestellt. Damit übertrug er die Domäne Gaming dem Kartäuserorden und verlieh dem Standort eine besondere Bedeutung, da er in der dort zu errichtenden Kartause seine Grablege bestimmte. Das war auch eine politische Botschaft und ein Bekenntnis zum Machtgebiet Österreich, denn bis dahin wurden alle Habsburgervorfahren im Gebiet des Stammsitzes im Kanton Aargau bestattet.

Turmfalkenmännchen auf Jagdflug

Auf Zerfall folgt neues Leben

Die Grundsteinlegung für die Kartause erfolgte am 13. August 1332. Die Ansicht, dass die Kartäuser das Gebiet allmählich urbar gemacht haben, kann nicht korrekt sein, da zu diesem Zeitpunkt auf dem Besitz von mehr als 30.000 Hektar, den heutigen Gemeindegebieten von Gaming, Scheibbs, St. Anton und Lunz am See, nur noch 2.700 Hektar Urwald vorhanden waren. Das Gebiet wurde demnach bereits im Mittelalter und davor stark menschlich überprägt und genutzt. Der gesamte Besitz war, wenn auch dünn, mit Einzelgehöften landwirtschaftlich erschlossen und genutzt. Mit der Inbesitznahme begann eine Intensivierung der Nutzung und planvolle Gestaltung der Domäne. Die Kartäuser verwalteten diesen Besitz 450 Jahre lang und intensivierten auch die Holznutzung. Die Eisenindustrie benötigte Holzkohle und auch die Brennholznutzung war von großer Bedeutung.

Trotz allem schrumpfte der Urwald in dieser Zeit „nur" um 530 Hektar auf etwa 2.170 Hektar Größe, was auf verschiedene Ursachen zurückzuführen ist.

Da ist einerseits die Kessellage und die Tatsache, dass der Urwald nicht zum Einzugsgebiet von Erlauf oder Ybbs gehört, sondern über der Wasserscheide liegt und über Moderbach und Rothausbach in die Lassing und weiter über die Salza in die Enns entwässert. Diese Tatsache führte zu einem Jahrhunderte währenden Streit über den Grenzverlauf zwischen den Kartäusern und dem Stift Admont. Die Admonter waren der Ansicht, dass alle Gebiete, die in die Enns entwässern, zu ihnen gehören. Im Stiftungsbrief ist aber die Lassing, heute Grenze zwischen Niederösterreich und Steiermark, als Grenzbach angeführt.

Je nach Witterungsverlauf dauert es vom tiefsten Winter ...

Da die aus dem Urwaldgebiet entwässernden Bäche sehr wenig Wasser führen und in der damaligen Zeit die einzige Möglichkeit, Holz zu transportieren, das Schwemmen oder Triften war, konnte die forstliche Nutzung dieses Talkessels nicht ohne großen Aufwand durchgeführt werden. Auch mit der Errichtung von Klausen wäre man nicht weit gekommen, denn man war gezwungen, über das Gebiet des „verfeindeten“ Stiftes Admont zu triften. Alles Holz musste daher hangaufwärts transportiert und über die Wasserscheide gebracht werden. Erst dann konnte man das Holz über Eigengebiet einer Nutzung zuführen. Leichter war es, Holzkohle zu erzeugen, da durch das geringere Gewicht der Transport des Endproduktes möglich war. Der Abtransport erfolgte in Fässern zum Schutz vor Feuchtigkeit.

... zum erblühenden Frühjahr wenige Tage bis mehrere Wochen

Der Seidelbast nützt das erhöhte Lichtangebot in den „Käferlöchern“

Wichtige Nutzungen in diesem entlegenen Gebiet waren auch die Jagd und vor allem die Waldweide. Die Weidenutzung reicht bis in die Bronzezeit zurück, damals nur mit Schafen und Ziegen. Aber bereits im ersten Jahrtausend nach Christus wurden Rinder auf die Hochlagen des Dürrensteins und in die umliegenden Wälder getrieben. Das Produkt dieser Weidehaltung war Butterschmalz, hochenergetisch und gut haltbar, denn eine Milchnutzung war wegen der Transport- und Frischhalteprobleme unmöglich.

Foto Seite 52: Urwald und Totholz – im Wildnisgebiet zwei untrennbare Begriffe

Blaumeise

Am 3. August 1689 kam es zu einem gerichtlichen Vergleich zwischen den beiden Klöstern, der, wenn auch nicht den Grenzverlauf, so doch die Nutzung des umstrittenen Gebietes regeln sollte. In diesem Vergleich fiel die Fischereinutzung an das Stift Admont, die Holznutzung an die Kartäuser, mit der Auflage, dass die „Abstockungen" von der „Eisenerzer Gewerkschaft" durchgeführt werden mussten und die Vergütung an die Gaminger zu gehen hatte. Die Weiderechte für „Rindt und Gaißviech" verblieben ebenso bei den Kartäusern. Die jagdliche Nutzung und die Honigernte wurde jährlich wechselnd unter den Klöstern aufgeteilt. Ebenso wechselte die Gerichtsbarkeit über dieses Gebiet jährlich, wobei aber beide Klöster jederzeit berechtigt waren „schlimes Gesindl und Zugainer" aufzugreifen und der Gerichtsbarkeit zuzuführen.

Gelbhalsmäuse sind nahe Verwandte der Waldmaus

Die Eisenerzeugung in der „Eisenwurzen" hatte einen enormen Energiebedarf. Es gab keine fossilen Energieträger und der gesamte Bedarf wurde aus den Wäldern gedeckt. Da bis zu 25 Prozent des europäischen Eisenbedarfs von dieser Region gestellt wurde, war es entsprechend schlecht um den Waldzustand bestellt, denn eine Forstwirtschaft im heutigen Sinne gab es nicht. Man wusste aber sehr wohl über den vorhandenen Holzvorrat Bescheid: Im Kessel des heutigen Urwaldes Rothwald wurden etwa 1,2 Millionen Fässer Holzkohle als Ertrag erwartet!

Dieser Totholz bewohnende Pseudoskorpion, ein echtes „Urwaldrelikt", ist nur wenige Millimeter groß

Die Wälder wurden abgestockt und sich selbst überlassen. Die Wiederbewaldung erfolgte auf natürlichem Wege, so sie überhaupt stattfinden konnte, denn Bodenerosion und Weidevieh sowie das vorhandene Schalenwild waren Gegenspieler der Waldverjüngung. Zudem gewann die Brennholznutzung immer mehr an Bedeutung und vor allem das leichtere Weichholz von Fichte und Tanne wurde über die Flüsse Ois und Erlauf bis an die Donau und von dort bis nach Wien, Pressburg und Budapest geliefert! Bereits 1745 bekam ein Herr Josef Giegl noch unter der Herrschaft von Maria Theresia die Schwemmrechte, die es ihm ermöglichten, Brennholz aus dem Gebiet der Kartäuser zu triften. Für die Erzeugung und den Transport von Lang- und Schnittholz waren die Bäche zu verwinkelt und die Wassermengen trotz der Errichtung von Klausen und Stauwerken zu gering.

Die Epoche der Kartäuser ging mit der Säkularisierung unter Josef II im Jahr 1782 zu Ende. Am 27. Jänner dieses Jahres wurde das kaiserliche Dekret von der Aufhebungskommission an den Prior übergeben und der Besitz in staatliche Verwaltung übernommen. Bald waren Privatisierungspläne vorhanden, die aber am Veto des Kaiserhauses scheiterten, weil das Gebiet durch die Brennholzlieferungen wesentlich zur Energieversorgung der Hauptstadt Wien beitrug. Ebenso hatte die Eisenindustrie natürlich großes Interesse an diesen Holzvorräten.

Es dauert Jahrzehnte bis ein „gefallener“ Baumriese diese Vielzahl von Organismen beherbergt

Erst durch die Nutzbarmachung fossiler Energieträger, vor allem der Braun- und Steinkohle, wurden die Wälder entlastet. Kohle war schon lange Zeit bekannt, aber der Transport über weite Strecken bereitete bis zur Einführung der Eisenbahn mit Dampfmaschinen große Schwierigkeiten. Erst mit dieser technischen Errungenschaft konnten große Mengen über weite Distanzen befördert werden und lösten so das Brennholz als Energielieferant im städtischen Bereich allmählich ab.

Damit stand einer Privatisierung der Waldungen kein sachlicher Grund mehr im Wege und im Jahr 1825 kaufte Graf Albert Festetics de Tolna den Besitz mit einem Ausmaß von 32.034 Joch was heutigen 18.435 Hektar entspricht (1 österreichisches Joch = 5.755 m²). Bis dahin war unter staatlicher Verwaltung der Urwald um 650 Hektar auf verbleibende 1.520 Hektar geschrumpft.

Albert Rothschild (1844 – 1911) rettete den Urwald Rothwald vor der Zerstörung

Während der folgenden 44 Jahre unter diesen Besitzverhältnissen wurden weitere 950 ha Urwald geschlagen und damit unwiederbringlich zerstört. Der Sohn von Graf Festetics verkaufte den Großteil der Waldungen im Jahre 1869 an eine Aktiengesellschaft für Forstindustrie. Diese Aktiengesellschaft hatte bereits 1865 die staatliche Domäne Waidhofen mit einer produktiven Waldfläche von 19.146 Joch (= 11.018 Hektar), die bis nach Göstling und ins Steinbachtal reichte, erworben, um die Langholzflösserei auf der Ybbs einzuführen. Dagegen gab es große Widerstände der ansässigen Eisenerzeuger, Köhler- und Wasserwerker, da sie dadurch den Preis für Holz und Holzkohle nicht mehr beliebig nieder ansetzen konnten. Es gab für die Produkte nun auch andere Absatzmöglichkeiten. Trotz allem wurde bereits 1866 begonnen, große Flöße auf der Ybbs bis zu einer Dampfsäge an der Donau zu führen. Dabei durften pro Jahr auf 10 Jahre befristet 12.000 Kubikklafter (1 k^3 = 6,82m^3 = etwa 82.000 Kubikmeter) getriftet werden. Dadurch setzte ein starker Raubbau an den Wäldern ein, der zu großen Problemen mit Erosion, Überschwemmungen und Vermurungen führte. Auch das Flussbett der Ybbs wurde grundlegend verändert, Inseln mussten entfernt, Felsen gesprengt und Kurven begradigt werden. Die vorhandenen Wehranlagen wurden umgebaut und in kürzester Zeit wurde die Landschaft tiefgreifend verändert um den Profit der Aktionäre zu gewährleisten. Berichten zufolge war das ganze Unterfangen aber weder für die beschäftigten Holzarbeiter, Fuhrwerker, Flösser, noch für die Geldgeber ein gutes Geschäft und 1875 ging die Aktiengesellschaft bankrott. Zurück blieben devastierte Wälder und eine stark veränderte Landschaft und niemand hatte wirklich einen Nutzen aus dieser Episode. Am Rande sei bemerkt, dass zu der Zeit, da hier in Europa die letzten einigermaßen unberührten Wälder sinnlos zerstört wurden, in den Vereinigten Staaten am 1. März 1872 das erste Großschutzgebiet der Welt mit einem unvorstellbaren Ausmaß von 898.700 Hektar (= 8.987 km^2), der Yellowstone Nationalpark, gegründet wurde!

Foto Seite 58: Die Strukturen abgestorbener Eiben überdauern Jahrhunderte

Jahrhunderte lang war das Holz...

Auch im Bereich des Rothwaldes wurde die intensive Nutzung fortgesetzt, aus Gründen der Topographie und der vorhandenen Wassermengen allerdings eine reine Brennholzerzeugung mit Scheitholztrift. In wenigen Jahrzehnten schrumpften die Holzvorräte und im Bereich Rothwald waren im Jahr 1867 nur mehr „1.100 Joch an haubaren und überständigem Holze" vorhanden (= 633 Hektar)!

Während der kurzen „Bewirtschaftungszeit" durch die Forstindustrie-AG von 6 Jahren bis zu ihrem Bankrott wurde der Urwald um weitere 150 Hektar verringert und als die Konkursmasse 1875 veräußert wurde, waren nur mehr 420 Hektar Primärwald vorhanden.

...nur auf den Wasserwegen zu transportieren

Die Verjüngung der so genannten „Liegenbleibfläche“ zeigt die starke Regenerationskraft der Natur nach einem Windwurf

Die ehemaligen Besitzungen der Forstindustrie-AG wurden von Freiherr Albert Rothschild erworben. Er war schon an der Forstindustrie-Aktiengesellschaft beteiligt, die vorher rücksichtslose Ausbeutung der natürlichen Ressourcen betrieben hatte. Jetzt als Alleinbesitzer aber erkannte er den Wert der unberührten Wildnis und hielt schützend seine Hand über den Urwaldrest im Rothwald. Diese Einstellung war eigentlich gegen den in Europa herrschenden Zeitgeist, denn die Natur hatte keinen Wert, sie musste „verbessert“ werden und hatte allein den menschlichen Bedürfnissen zu dienen. Albert Rothschild konnte es sich leisten, auf ein kleines Stück Waldung zu verzichten und dort die Nutzung zu untersagen. Alleine in Niederösterreich erwarb er zu diesem Zeitpunkt die Herrschaften Waidhofen, Gaming und Enzersfeld mit mehr als 31.000 Hektar sowie das Schloss Waidhofen um insgesamt 2,9 Millionen Gulden.

Es wird Jahrzehnte bis Jahrhunderte dauern, bis die ehemaligen Fichtenforste wieder Naturwälder werden

Wir können Albert Rothschild nicht genug danken, dass er uns durch seinen damaligen Weitblick den größten mitteleuropäischen montanen Bergurwald hinterlassen hat. Sein Entschluss stieß fast nirgends auf Verständnis. Seine eigenen Forstleute konnten nicht begreifen, weshalb man diese Wälder nicht nutzen sollte, wo es doch durch den technischen Forstschritt immer bessere Möglichkeiten gab und man nicht mehr nur auf die Trift angewiesen war.

Auch der Großteil der Forstfachleute stand diesem Ansinnen verständnislos gegenüber. In einer Niederschrift, während einer Exkursion mit Studenten der Forstakademie ist dies deutlich erkennbar. Professor Großbauer notiert im Angesicht des Urwaldes folgende Zeilen:

„....nicht ungezügelte Üppigkeit in ungeschwächter Urkraft, eingehüllt in rauschende Duftfülle, romantischer Gestaltenreichtum und Lebensfrische, sondern Leichenhof, gebrochene Kraft, Verfall und Modergeruch, Verkommenheit, wie überall dort, wo die ordnende Hand des Menschen nicht hinkommt.....“

So wie wir heute hatte man damals den Forststudenten den Urwald gezeigt, allerdings nicht mit der Absicht, Verständnis für natürliche Abläufe in einem Waldökosystem zu wecken, sondern ganz einfach als abschreckendes Beispiel für ungezügelte Natur! Albert Rothschild investierte in seinen Betrieb, aber auch in die umliegenden Gemeinden, wo er soziale Einrichtungen und Schulen unterhielt. Nach seinem Tod 1911 übernahmen seine Söhne Louis Nathaniel Freiherr von Rothschild und Baron Alphons von Rothschild den Besitz.

1935 wurden Teile der Waldungen im Verlaufe der Creditanstalt-Krise in Hollenstein, Gaming und Göstling sowie in Waidhofen an den Staat abgetreten, darunter auch Gebiete, die heute im Westteil des Wildnisgebietes Dürrenstein liegen. Der verbleibende Besitz wurde nach dem Anschluss von Österreich an Nazideutschland im Jahr 1938 als jüdischer Besitz arisiert und unter staatliche Verwaltung genommen. In der Zeit seit der Übernahme durch die Familie Rothschild gingen nur 20 ha Urwald infolge eines Windwurfes im Tal zwischen Kleinem und Großem Urwald verloren. Leider wurde dieser Windwurf aufgearbeitet, weil man damals bedauernd zur Kenntnis nehmen musste, dass auch der Urwald nicht allen natürlichen Kräften widerstehen kann. Trotz aller Liebe zur unberührten Natur reichte das ökologische Verständnis nicht so weit, um zu erkennen, dass auch eine durch den Sturm umgeworfene, liegende Waldfläche ebenso Urwald ist wie die stehen gebliebenen Bäume rundum – nur eben in einem anderen Entwicklungsstadium! Somit verblieben noch 400 ha Urwald.

Besonders der Weißrückenspecht (Foto Seite 64) und der Grauspecht bevorzugen Lebensräume mit großem Totholzanteil

Der Wanderfalke erreicht bei seinen Stoßflügen bis zu 300 km/h – er ist damit der schnellste „Jäger" des Wildnisgebietes

Während des Zweiten Weltkrieges im Jahr 1942 wurde der Urwald zum Naturschutzgebiet erklärt, allerdings mit einem sehr willkürlichen und verwirrenden Grenzverlauf. In den Jahren 1946/47 refundierte man die Besitzungen. Doch Teile im Westen des Gebietes wurden von Louis Rothschild an den Staat gegen die Übernahme der Pensionslasten abgetreten. 1988 wurde der nicht leicht nachvollziehbare Grenzverlauf des Urwaldgebietes durch das Naturschutzgebiet Rothwald II arrondiert. Im Jahr 1997 konnte durch ein Projekt im Rahmen des Naturschutzprogramms der Europäischen Union der Grundstein für die Errichtung des ersten Wildnisgebietes in Österreich und ganz Mitteleuropa gelegt werden. Mit dem Beschluss der niederösterreichischen Landesregierung vom 15. Mai wurde das Wildnisgebiet Dürrenstein 2001 gesetzlich verankert und zwei Jahre später von der IUCN, der Weltnaturschutzorganisation der Vereinten Nationen, als Schutzgebiet der Kategorie Ia und Ib (strenges Naturreservat/Wildnisgebiet) anerkannt.

Der Buchfink fällt in das Beutespektrum des Wanderfalken

Die Wanzenfliegen parasitieren an Wanzen. Die Larven fressen nach dem Schlupf ihre Wirtstiere von innen her auf

Somit konnte der dauerhafte Schutz dieses Gebietes erreicht werden. Zu den Flächen der Forstverwaltung Langau, noch heute im Besitz der Nachfahren der Familie Rothschild, kamen Flächen der Österreichischen Bundesforste AG am Südwestabhang des Dürrensteinmassives und somit umfasste das Wildnisgebiet Dürrenstein bis 2013 eine Fläche von 2.500 ha (25 km^2). 2013 wurde es um mehr als 1.000 ha im Besitz der Österreichischen Bundesforste AG erweitert und weist derzeit eine Fläche von 3.500 ha auf.

So konnte um den Urwald eine Pufferzone eingerichtet werden, die schädliche Einflüsse so weit wie möglich hintan hält. Diese Pufferzone besteht zum Teil aus naturnahen Wäldern, wir nennen sie „Wälder erste Generation nach Urwald“. Das bedeutet, dass diese Flächen im 17. und 18. Jahrhundert einmal genutzt wurden und seither dank der Forstverwaltung Langau, respektive der Familie Rothschild, eine relativ ungestörte Entwicklung durchlaufen konnten.

An den Hinterbeinen dieser Erdhummel sind die gesammelten Pollen deutlich zu erkennen

Foto Seite 69: Männliche Kohlmeise zur Balzzeit

Das Leben findet immer einen Weg zur Erneuerung, ob als Keimling auf totem Holz, …

Auf den Teilflächen der Österreichischen Bundesforste AG gibt es Bereiche mit Wirtschaftswald, die zum Teil mit Fichtenmonokulturen bestockt sind. Diese Flächen dürfen in der Regel durch Eigenentwicklung wieder Wildnis werden. Somit sind wir nach einer Reise durch vergangene Jahrhunderte in der Gegenwart angekommen und blicken hoffnungsvoll in die Zukunft. Unsere Visionen beinhalten die Verwirklichung einer dauerhaften Sicherung dieses einmaligen Naturjuwels mit seinen wertvollen Lebensräumen und Arten. Eine flächenmäßige Ausweitung des Wildnisgebietes schafft dafür die Voraussetzung.

… oder direkt am Waldboden

Foto Seite 70: Die Dürrenstein-südflanke nach Sonnenuntergang

GEOLOGIE – DIE BASIS ALLEN LEBENS

Die Karrenbildung ist eine charakteristische Verwitterungsform des Dachsteinkalks

Das Wildnisgebiet Dürrenstein liegt zur Gänze inmitten der niederösterreichischen Kalkalpen. Diese beginnen im Westen bei der Enns und reichen im Osten bis zum Westrand des südlichen Wiener Beckens. Die Kalkalpen gliedern sich in die tektonischen Einheiten des Bajuvarikums, Tirolikums und Juvavikums. Diese Einheiten werden in sich wieder in verschiedene Decken unterteilt.

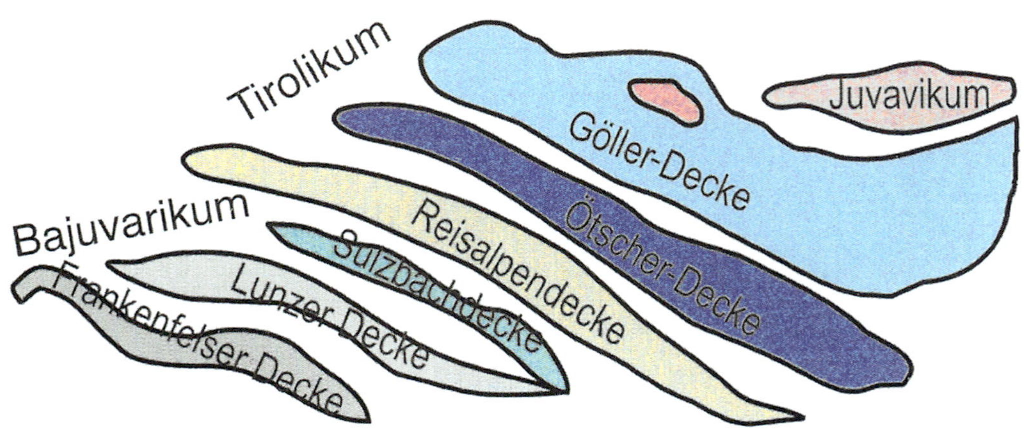

Schichten der niederösterreichischen Kalkalpen

Im Wildnisgebiet Dürrenstein finden wir ausschließlich die Einheit des Tirolikums, das durch die Ötscher-Decke im nördlichen und die Göller-Decke im südlichen Teil des Wildnisgebietes repräsentiert wird. Die mächtigen und starren Plattformkarbonate der Ötscher-Decke dominieren die Geologie der Region.

Sie treten morphologisch durch die Bildung der höheren Kalkberge wie Hochkar, Dürrenstein, Scheiblingstein oder Ötscher in Erscheinung.

Die Entstehung des Kalkalpenkörpers als Gebirge erfolgte in mehreren Etappen, wobei drei Phasen besonders hervorzuheben sind. In der höheren Unterkreide vor ca. 100 Millionen Jahren fand durch die Annäherung des afrikanischen an den europäischen Kontinent die Hauptfalten- und Deckenbildung in den Kalkalpen statt. Während des Tertiärs, genauer gesagt im Eozän vor ca. 40 Millionen Jahren, erfolgte durch den stetigen Druck Afrikas gegen Europa die Überschiebung der Kalkalpen auf die nördlich vorgelagerte Flyschzone. Das schrittweise Herausheben der Kalkalpen und die Bildung als morphologisches Gebirge erfolgten hauptsächlich während des Miozäns vor ca. 20 Millionen Jahren und halten bis heute an.

Der Notengipfel ist ein beliebtes Ausflugsziel

Aus diesen unterschiedlichen Etappen der Gebirgsbildung ergibt sich eine für das Gebiet charakteristische Schichtenfolge. Während der Mitteltrias, in den Zeitstufen des Anis und Ladin vor rund 230 Millionen Jahren baute sich im Tethys-Meer, dem Ablagerungsraum der Kalkalpen, eine mächtige Karbonatplattform auf, die viele Millionen Jahre bestehen blieb und heute den Namen Wettersteindolomit oder Ramsaudolomit trägt. In den flachen Meeresbereichen, den Lagunen, entstanden, bedingt durch die Aktivität kalkabscheidender Grünalgen, gebankte bis massige Kalke und Dolomite, die in dieser Region Mächtigkeiten von über 1.000 Meter erreichten. Heute finden wir den Wettersteindolomit im Hundsaugraben als helles, weißliches bis bräunlichgraues, splittrig verwitterndes Festgestein aufgeschlossen.

Im Bereich des Kleinen Urwaldes findet man Hauptdolomit

Infolge einer Meeresspiegelabsenkung im Laufe des Unteren Karns fielen die mächtigen Karbonatplattformen der Wettersteinformation allmählich trocken. Die Karbonatproduktion war damit unterbrochen und es kam zur Ablagerung der sandig-tonigen Lunzer Schichten. Aus den anfänglich noch marinen Ablagerungsmilieus entstanden allmählich Brackwasserseen und Kohlesümpfe. Aufgrund der leichten Erodierbarkeit sind die Lunzer Sandsteine und Schiefer im Gelände eher schlecht aufgeschlossen. Häufig deutet eine unruhige Morphologie bzw. rutschungsgefährdetes Wiesengelände auf das Vorhandensein von Lunzer Schichten hin. Im hinteren Hundsaugraben sind Reste des Lunzer Sandsteins zu finden. Im Nor konnte sich wieder eine vollständig entwickelte Karbonatplattform bestehend aus kontinental beeinflusster Lagune, Riff und offenem Meeresbereich aufbauen. Im Bereich der Lagune entstand der Hauptdolomit, der durch feine Schichtung bzw. Lamination gekennzeichnet ist. Makroskopisch zeigt er oft eine Bankung im Dezimeterbereich oder eine massige Ausprägung. Er kann eine Mächtigkeit von 1.000 Meter und mehr erreichen und ist durch sein splittriges Verwitterungsbild bekannt. Anzutreffen ist er im südöstlichen Teil des Wildnisgebietes, im Bereich des Kleinen Urwaldes.

In den steilen Felsformationen findet selbst der Schnee keinen Halt

Während in den landnäheren, lagunären, gezeitenbeeinflussten Bereichen der Hauptdolomit gebildet wurde, entstand im landfernen Bereich der gebankte, hellgraue Dachsteinkalk. Der gebankte Dachsteinkalk gilt praktisch als Leitgestein der Kalkhochalpen und ist für das markante Aussehen der Gipfelregionen von Hochkar, Dürrenstein, Scheiblingstein und Ötscher verantwortlich. Im Zuge der Gebirgsbildung ist es sekundär zu einer Dolomitisierung und somit einer Umwandlung des Dachsteinkalkes in Dachsteindolomit gekommen. Dieser ist in der Natur oft schwer vom Hauptdolomit oder Wettersteindolomit zu unterscheiden. Neben der Gipfelregion baut der Dachsteinkalk/-dolomit vor allem die West- und Südostflanke des Dürrensteins auf.

Trotz des einsetzenden terrigenen Einflusses im Rhät kam es vereinzelt zur Ausbildung von Riffen und kleinen Karbonatplattformen – den Oberrhät-Riffkalken. Die Oberrhät-Riffkalke sind geringmächtig und häufig durch das Auftreten von Makrofossilien wie Korallen und Schwämmen gekennzeichnet. Am Südostabhang des Dürrensteins bzw. im Bereich des Gindelsteins sind diese Gesteine zu finden.

Blick vom Großen Urwald Richtung Dürrensteingipfel

Der Beginn des Jura ist durch erhöhte plattentektonische Aktivität geprägt. Dadurch kommt es zu einem endgültigen Zerfall der mächtigen Dachsteinkalkplattformen. Aus den vorher einheitlichen Karbonatplattformen entstehen viele Becken und Schwellen, die durch Brüche und Störungszonen voneinander getrennt werden. Bei großen Sprunghöhen an derartigen Störungszonen kam es zu submarinen Felsstürzen, die in der Oberseebrekzie ein gewaltiges Ausmaß erreichten. Im östlichen Bereich des Dürrensteins bzw. im Bereich des Kleinen Dürrensteins sind die Gesteine der Oberseebrekzie aufgeschlossen.

Das „Lueg“ wurde während der letzten Eiszeit durch Gletscher gebildet. Es erstreckt sich Richtung Lunzer Obersee

Geologische Karte

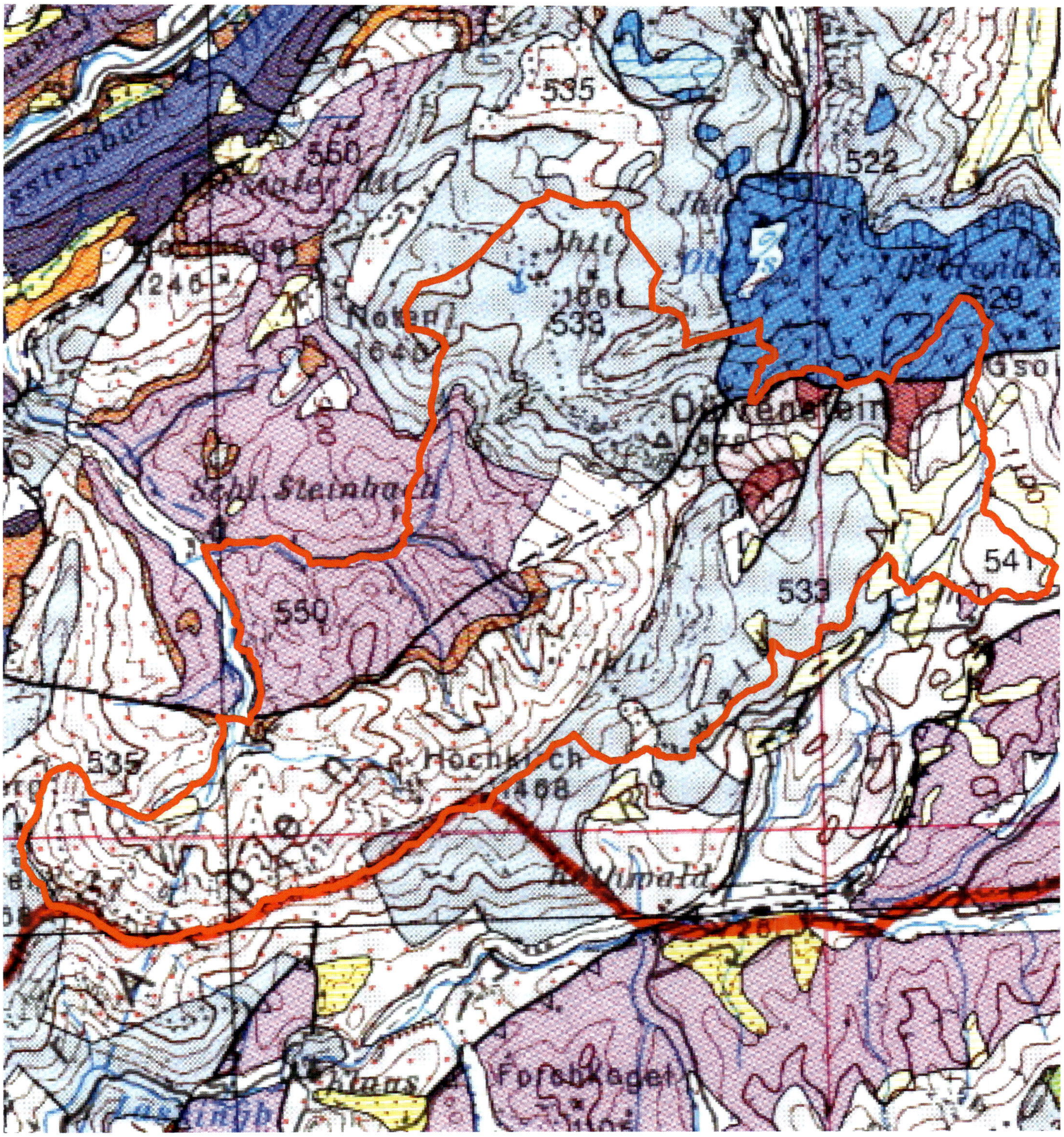

Legende:

- 529 Oberseebrekzie; Unter- bis Mittel-Jura (Kalkbrekzie mit Großschollen aus Dachsteinkalk)
- 530 Oberrhät-(Rhätolias-)Riffkalk
- 533 Dachsteinkalk, Anningerkalk; Norium-Rhätium (Kalkstein, dickbankig)
- 534 Dachsteinkalk-Riffentwicklung (Kalkstein, massig)
- 535 Dachsteindolomit; Norium-Rhätium
- 540 Plattenkalk; Norium - Rhätium (Kalkstein-Dolomitstein-Wechselfolge)
- 541 Hauptdolomit; Norium (Dolomitstein, bankig)
- 544 Lunz-Formation; Unteres Karnium (Sandstein, feinkörnig, Steinkohle)
- 545 Reingrabener Schiefer, Hornsteinkalk, Leckkogel-Schichten; Unteres Karnium (Schiefertonstein, Kalkstein, dunkel)
- 547 Wettersteinkalk; Ladinium - Unteres Karnium
- 548 Wettersteinkalk-Lagune; Ladinium - Unteres Karnium (Kalkstein, bankig bis massig)
- 549 Wettersteinkalk - Riff und Riffschutt; Ladinium - Unteres Karnium (Kalkstein, massig)
- 550 Wettersteindolomit, Ramsaudolomit; Ladinium - Unteres Karnium (Dolomitstein)
- 551 "Sonderentwicklung"; Mittleres Anisium - Unteres Karnium (Kalkstein/Dolomitstein, bankig, dunkel)

Foto Seite 78: „Ich halte es für falsch, jeden Menschen oder jeden Teil des Menschen zu kultivieren, ebenso wie ich es für falsch halte, jeden Hektar Boden zu kultiveren. Ein Teil davon soll bestellt werden, doch der größte Teil soll Wald oder Steppe bleiben und keinem unmittelbaren Zweck dienen" (Henry David Thoreau)

Foto Seite 81: Der Niederschlagsreichtum spiegelt sich in einer Vielzahl von Bächen wider

DAS KLIMA – KÜHL UND NIEDERSCHLAGSREICH

Österreich befindet sich in den gemäßigten Breiten und weist mitteleuropäisches Übergangsklima, das durch ozeanische und kontinentale Einflüsse gekennzeichnet ist, auf. Das bedeutet, dass weite Teile des Bundesgebietes in der Westwindzone liegen, die Temperaturunterschiede zwischen Tag und Nacht, aber auch zwischen Sommer und Winter im Westen ausgeprägt sind und es überall ausreichende Niederschlagstätigkeit gibt. Diese nimmt nach Osten hin ab und mit der Höhe zu. Durch geographische Lage, Oberflächenform und Höhenlage kommt es zu einer Differenzierung in mehrere Klimaregionen – atlantisch, pannonisch, illyrisch und alpin.

Trotz der tiefen Temperaturen im Winter bleiben immer offene Wasserstellen bestehen

Das Wildnisgebiet Dürrenstein in den niederösterreichischen Kalkalpen liegt in der alpinen Klimaregion. Dieses Gebiet wird charakterisiert durch kurze, relativ kühle Sommer, lange schneereiche Winter, Kälterückfälle im Frühjahr und warmes Schönwetter im Herbst. Die Niederschläge sind zu allen Jahreszeiten reichlich. Das alpine Klima des Wildnisgebietes wird durch eine Reihe von Sondererscheinungen gekennzeichnet. Beispiele dafür sind der oftmals auftretende Föhn, der Steigungsregen und die starken regionalen Temperaturunterschiede zwischen Sonn- und Schattseite. Charakteristisch sind auch sogenannte Inversionslagen, die eine Temperaturumkehr bedeuten. Bei derartigen Wettersituationen bleibt die kalte Luft oft in Kombination mit Nebel in den Tälern liegen, während es in höheren Lagen zu deutlichen Temperaturanstiegen kommen kann. Diese Lagen treten regelmäßig in den Herbstmonaten auf und bieten dem Besucher eindrucksvolle Bilder.

Foto Seite 83: Nicht nur Borkenkäfer, sondern auch die oftmals unwirtlichen Witterungsverhältnisse setzen den Bäumen stark zu

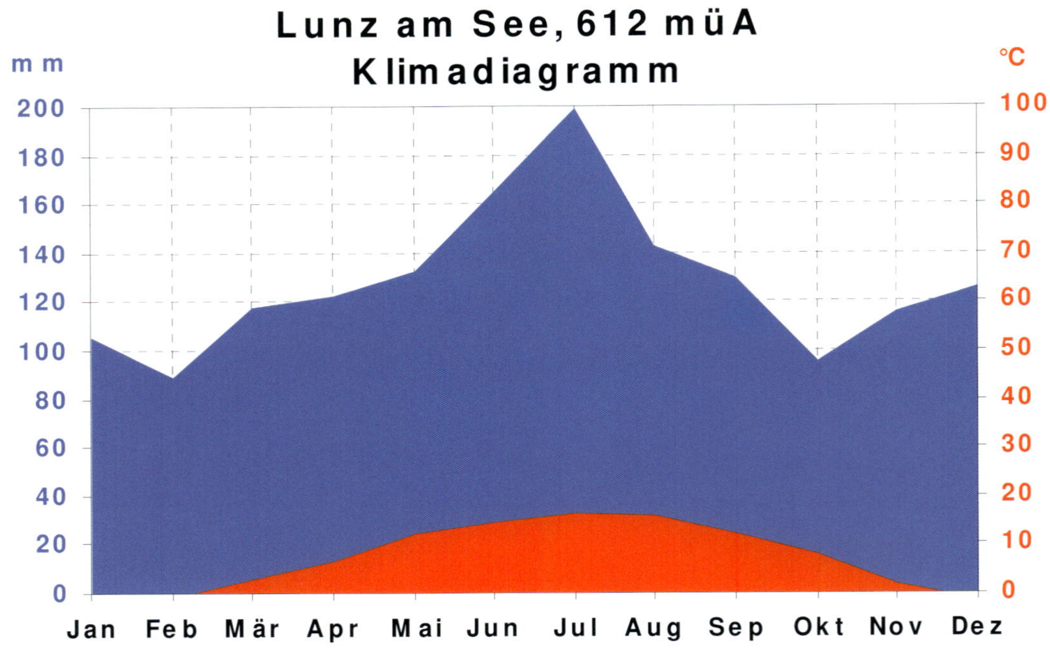

Mittlere Klimadaten der Messstation Lunz am See

In der obigen Abbildung sind die mittleren Niederschlags- und Lufttemperaturdaten der nächstgelegenen langjährigen hydrometeorologischen Messstation Lunz am See dargestellt. Langzeitmessungen aus dem Wildnisgebiet selbst fehlen noch, aber stichprobenartige Erhebungen haben gezeigt, dass die Niederschlagswerte im Wildnisgebiet mit starken regionalen Schwankungen insbesondere im Bereich Rothwald um bis zu 30 Prozent höher bei mehr als 2.000 Millimeter Jahresniederschlag liegen können. In Lunz erreicht die jährliche Durchschnittsmenge 1.541 Millimeter. Im Winter sind dabei aufsummierte Schneehöhen von bis zu zehn Meter zu erzielen. Im obigen Klimadiagramm ist dieser Niederschlagsreichtum auffallend. Bei durchschnittlichen Verdunstungsjahreswerten von 300 bis 400 Millimetern steht reichlich Niederschlag für die Vegetation bzw. die Grundwasserneubildung zur Verfügung, so dass man von humiden Klimaverhältnissen sprechen kann. Die Jahresmitteltemperatur liegt in Lunz am See bei sieben Grad Celsius. Dieser Wert wird im Rothwald mit vier Grad Celsius deutlich unterschritten, dürfte in Teilen der Hundsau aber sogar höher liegen.

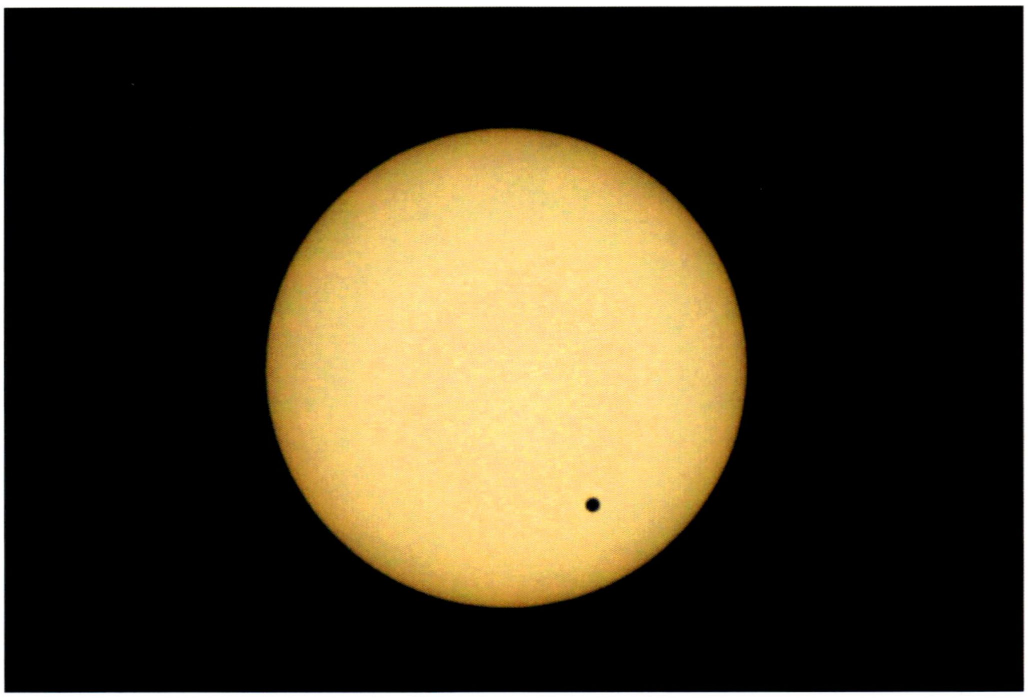

Je nach Exposition und Höhenlage schwanken Sonneneinstrahlung und Temperatur erheblich. Hier der Transit der Venus vor unserem Muttergestirn

Foto Seite 84: Die Clusius-Primel ist eine endemische Art der Ostalpen

DIE FLORA UND FAUNA – EIN STREIFZUG DURCH DAS WILDNISGEBIET

Neophyten und Neozoen

Ein Wildnisgebiet der Kategorie I nach IUCN verfolgt das Ziel, ein möglichst natürliches Artengefüge zu erhalten bzw. wieder zu etablieren. Im Gegensatz zu manch anderem österreichischen Naturschutzgebiet oder Nationalpark, ist das Wildnisgebiet Dürrenstein in der glücklichen Lage, nur mit wenigen Neophyten und Neozoen (gebietsfremde Arten) konfrontiert zu sein. Bei diesen Spezies handelt es sich um Pflanzen- und Tierarten, die ursprünglich im Wildnisgebiet nicht beheimatet waren. Beispiele hierfür sind die Kanadische Goldrute oder das Drüsige Springkraut, der Marderhund oder der Waschbär. Fast immer gelangten diese Arten durch menschliches Zutun in unsere Region. Entweder importierte der Mensch die Arten direkt oder sie kamen als „blinde“ Passagiere nach Europa, wo sie sich dann ausbreiteten. Aber vollständig blieb auch das Wildnisgebiet nicht von diesen Zuwanderern verschont. So nennt beispielsweise der Mink oder Nordamerikanische Nerz das Wildnisgebiet Dürrenstein sein Zuhause. Die Kanadische Goldrute konnte bereits durch mechanische Bekämpfung in den beiden ersten Jahren entfernt werden.

Das Drüsiges Springkraut verdrängt heimische Arten

Gefahren gehen von diesen Neubürgern nur dann aus, wenn sie zur flächenhaften Vermehrung und damit zur Verdrängung heimischer Arten neigen oder wenn sie gleiche ökologische Ansprüche wie autochthone Spezies haben. Da dies für die wenigen im Wildnisgebiet Dürrenstein vorkommenden Neozoen und Neophyten nicht der Fall ist, müssen seitens der Verwaltung des Wildnisgebietes derzeit kaum Maßnahmen zur Bekämpfung dieser sogenannten allochthonen Arten gesetzt werden.

Foto Seite 87: Der Blaue Eisenhut gehört zu den auffälligsten, aber auch giftigsten Pflanzen Europas

Pilze

Foto Seite 88:
Im Schutzgebiet kann der Stein- oder Herrenpilz sein natürliches Lebensalter erreichen

Pilze waren früher ein Teil des Pflanzenreiches, mittlerweile wurden sie aber als ganz eigenständige Organismen von den Pflanzen abgetrennt. Im Wildnisgebiet wurden bisher beinahe 700 makroskopische Pilzarten erhoben, wobei Experten von einer möglichen Artenzahl von bis zu 2.000 sprechen. Diese hohe Zahl wird noch durch einige Erstfunde für Österreich und viele Raritäten aufgewertet. Die naturnahen Wälder und speziell die Urwälder stellen die Heimat dieser Besonderheiten dar. Der hohe Totholzanteil begünstigt die Vielfalt an Pilzen, die am und im Waldboden, als auch am und im stehenden und liegenden Totholz gedeihen.

Der Fliegenpilz ist ein Symbiosepilz der Fichte

Foto Seite 90: Die Vielzahl der Pilze auf einem Stamm als Beispiel für die große Artenfülle auf kleinstem Raum

Beim Sammeln unserer „Schwammerln" muss uns immer bewusst sein, dass wir Menschen, aber auch die meisten übrigen Bewohner dieser Erde, nur die Fruchtkörper des Pilzes nutzen. Der eigentliche Pilz, das Myzel, befindet sich in der Regel im Nährsubstrat und vor allem im Boden, wo er sich unseren Blicken entzieht. Dort kann er ungeahnte Ausmaße annehmen. Manche Pilzindividuen können auf einer Fläche von vielen Hektaren leben und Jahrhunderte, ja sogar Jahrtausende alt werden. Diese Superlativen können Pilze in der Regel nur dann erreichen, wenn das Umfeld möglichst naturnah und vom Menschen unbeeinflusst ist. Einzelne Pilze sind vermutlich die größten und schwersten – wir sprechen hier von vielen Tonnen Gewicht – aber auch die ältesten Lebewesen auf unserem blauen Planeten.

Infolge ihrer meist unscheinbaren Lebensweise vergisst man oft, dass Pilze sehr wichtige Funktionen erfüllen. Unter anderem tragen sie maßgeblich zum Abbau von organischem Substrat bei. Sie sind der wichtigste Faktor bei der Zerlegung von abgestorbenem Holz. Nur durch deren Hilfe kann das Holz vermodern und Nährsubstrat für die nächste Baumgeneration werden. Aber auch für die lebenden Pflanzen, insbesondere Bäume, spielen Pilze eine wichtige Rolle. Erst durch die Gemeinschaft, die die Bäume mit Pilzen eingehen, können sie überleben. Der Pilz, der an die Feinwurzeln des Baumes „angedockt" hat, versorgt diesen mit lebenswichtigen Nährstoffen. Im Gegenzug dafür stellt der Baum dem Pilz Zucker als Energielieferant zur Verfügung. Derartige Beziehungen, die für beide Seiten gewinnbringend sind, werden als Symbiose bezeichnet.

Totholz bietet hochspezialisierten und daher heutzutage seltenen Arten Lebensraum

Das Leberblümchen ist einer der ersten Frühlingsboten, …

Pflanzen

Im Wildnisgebiet Dürrenstein können bis zu vierzehn Vegetationsgesellschaften bzw. Biotoptypen unterschieden werden. Die vorherrschende Gesellschaft ist der Fichten-Tannen-Buchen-Wald, der mehr als die Hälfte des Schutzgebietes bedeckt. Botaniker unterscheiden drei Ausprägungsformen. Die am häufigsten vorkommende Gesellschaft ist der Karbonatschutt-Fichten-Tannen-Buchen-Wald, gefolgt vom Thermophilen Buchenwald und dem Buchen-Tannen-Fichten-Wäldern mit Bergahorn. In all diesen Waldgesellschaften bildet die Buche im Schutzgebiet die Hauptbaumart. Nur kleinflächig ausgeprägte Waldgesellschaften sind Schluchtwälder, subalpine Fichtenwaldgesellschaften und Föhrenwälder. Das Vorkommen der Föhrenwaldgesellschaft ist noch auf die letzte Eiszeit zurück zu führen. Die Rotföhren stocken meist auf sehr trockenen Standorten, wie Felsen, wo sie kaum Konkurrenz ausgesetzt sind. Erst durch diesen Mangel an konkurrenzierenden Baumarten konnte die Kiefer im Wildnisgebiet überleben. Die höchstgelegene Waldgesellschaft des Dürrensteins bildet der Krummholzgürtel mit der Latsche als dominierende Baumart.

… ebenso wie der Aurikel, eine Primelart, im Volksmund auch „Petergstamm“ oder „Gamsbleaml“ genannt

Die Türkenbundlilie kommt nur an wenigen Standorten vor

Artenreiche Pflanzengesellschaften können Hochstaudenfluren, Rasengesellschaften und Felsgesellschaften sein. Speziell der Almrasen oder die Felsfluren mit ihren Sonderstandorten zeichnen sich durch Artenreichtum, aber auch durch eine Vielzahl seltener Pflanzenarten aus. Größere zusammenhängende Almrasenflächen befinden sich im Wildnisgebiet fast ausschließlich in der Managementzone „Alm". Auf diesen beweideten Arealen konnte sich eine Artenfülle erhalten, die als Nahrungsgrundlage für viele Tiere dient. Die Hochstaudenfluren erkennt der aufmerksame Beobachter im Randbereich des Latschengürtels und in und rund um Dolinen, wo sie vom Nährstoffangebot und von der ganzjährig guten Wasserversorgung profitieren. Die Felsfluren treten auf flachgründigen Felshängen und im Bereich von Lawinen, Steinschlägen oder Hangrutschungen auf. An wechselfeuchten Standorten können Rasengesellschaften mit Pfeifengras dominieren. Die Spalten der, geologisch bedingt, zahlreich vorkommenden Felsen werden von Farnen und Aurikeln besiedelt.

Die Schneerose ist in der Regel die erste Blütenpflanze, die sich im Frühjahr zeigt

BIOTOPTYPEN IM WILDNISGEBIET MIT CHARAKTERARTEN

Buchen-Tannen-Fichtenwälder:
Karbonatschutt-Fichten-Tannen-Buchenwald:
Kahler Alpendost *(Adenostyles glabra)*, Dreischnittiger Baldrian *(Valeriana tripteris)*, Schneerose *(Helleborus niger)*
Thermophiler Kalk-Buchenwald:
Weißsegge *(Carex alba)*, Kalkblaugras *(Sesleria varia)*, Buntreitgras *(Calamagrostis varia)*, Maiglöckchen *(Convallaria majalis)*, Ochsenauge *(Buphthalmum salicifolium)*, Zyklame/Europäisches Alpenveilchen *(Cyclamen purpurascens)*, Felsenbirne *(Amelanchier ovalis)*, Mehlbeere *(Sorbus aria)*
Hochmontane Buchen-Tannen-Fichten-Wälder mit Bergahorn:
Blauer Eisenhut *(Aconitum napellus)*, Alpenlattich *(Cicerbita alpina)*, Alpenampfer *(Rumex alpinus)*, Berggreiskraut *(Senecio subalpinus)*, Rundblättriger Steinbrech *(Saxifraga rotundifolia)*

Subalpine Fichtenwälder:
Waldwachtelweizen *(Melampyrum sylvaticum)*, Heidelbeere *(Vaccinium myrtillus)*, Alpenbrandlattich *(Homogyne alpina)*, Buntreitgras *(Calamagrostis varia)*, Quirlblättriger Salomonsiegel *(Polygonatum verticillatum)*, Neunblättrige Zahnwurz *(Dentaria enneaphyllos)*

Schluchtwälder:
Bergahorn *(Acer pseudoplatanus)*, Bergulme *(Ulmus glabra)*, Esche *(Fraxinus excelsior)*, Mondviole *(Lunaria rediviva)*, Waldgeißbart *(Aruncus dioicus)*

Föhrenwälder:
Rotföhre *(Pinus sylvestris)*, Pfeifengras *(Molinia caerulea)*, Buntreitgras *(Calamagrostis varia)*

Latschen-Krummholz:
Latsche *(Pinus mugo)*, Vogelbeere *(Sorbus aucuparia)*, Almrausch *(Rhododendron hirsutum)*, Gebirgsrose *(Rosa pendulina)*, Schneeheide *(Erica carnea)*, Zwergbuchs *(Polygala chamaebuxus)*, Waldstorchschnabel *(Geranium sylvaticum)*, Große Sterndolde *(Astrantia major)*, Meisterwurz *(Peucedanum ostruthium)*

Hochstaudenfluren:
Blauer Eisenhut *(Aconitum napellus)*, Waldstorchschnabel *(Geranium sylvaticum)*, Österreichische Wolfsmilch *(Euphorbia austriaca)*, Alpenampfer *(Rumex alpinus)*, Trollblume *(Trollius europaeus)* Rasenschmiele *(Deschampsia cespitosa)*

Felsen:
Strichfarnen *(Asplenium viride, A. trichomanes, A. septentrionale)*, Blasenfarn *(Cystopteris fragilis)*, Ruprechtseichenfarn *(Gymnocarpium robertianum)*, Kugelschötchen *(Kernera saxatilis)*, Felsenbaldrian *(Valeriana saxatilis)*, Aurikel *(Primula auricula)*

Almrasen:
Alpenrispengras *(Poa alpina var. vivipara)*, Goldpippau *(Crepis aurea)*, Bitterkreuzblümchen *(Polygala amara)*, Knöllchenknöterich *(Persicaria vivipara)*, Goldfingerkraut *(Potentilla aurea)*, Wundklee *(Anthyllis vulneraria)*, Mückenhendelwurz *(Gymnadenia conopsea)*, Alpensteinquendel *(Acinos alpinus)*, Bürstling *(Nardus stricta)*, Alpenbrandlattich *(Homogyne alpina)*, Blutwurz *(Potentilla erecta)*

FORTSETZUNG BIOTOPTYPEN IM WILDNISGEBIET

Rasen und Felsfluren:
Rostsegge *(Caricetum ferruginea)*, Alpendistel *(Carduus defloratus)*, Alpenmaßliebchen *(Aster bellidiastrum)*, Rundköpfige Teufelskralle *(Phyteuma orbiculare)*, Klebkratzdistel *(Cirsium erisithales)*, Pfeifengras *(Molinia caerulea)*, Polstersegge *(Carex firma)*, Kalkblaugras *(Sesleria varia)*

Karbonat-Schuttschneeboden (Schneetälchen):
Soldanelle *(Soldanella alpina)*, Milzkraut *(Chrysosplenium alternifolium)*, Sumpfdotterblume *(Caltha palustris)*

Alpine Rasen:
Staudenhafer *(Helictotrichon parlatorei)*, Scheuchzersglockenblume *(Campanula scheuchzeri)*, Waldstorchschnabel *(Geranium sylvaticum)* Österreichischer Bärenklau *(Heracleum austriacum)*, Glanzskabiose *(Scabiosa lucida)*, Kalkglockenenzian *(Gentiana clusii)*, Silberschafgarbe *(Achillea clavenae)*, Narzissenwindröschen *(Anemone narcissiflora)*, Ostalpennelke *(Dianthus alpinus)*

Quellfluren:
Starknervmoos *(Cratoneuron commutatum)* Alpenfettkraut *(Pinguicula alpina)*, Steinbrecharten *(Saxifraga aizoides, S. stellaris)*

Fließgewässer und ihre Ufer:
Großblättrige Weide *(Salix appendiculata)*, Kahle Weide *(Salix glabra)*, Aschweide *(Salix cinerea)*, Lavendelweide *(Salix eleagnos)*, Grünerle *(Alnus alnobetula)*, Fichte *(Picea abies)*, Alpenpestwurz *(Petasites paradoxus)*, Bachgänsekresse *(Arabis soyeri)*

Moorgesellschaften:
Schnabelsegge *(Carex rostrata)*, Torfmoos *(Sphagnum sp.)*, Fieberklee *(Menyanthes trifoliata)*, Sumpfveilchen *(Viola palustris)*, Sumpfblutauge *(Potentilla palustris)*, Braunsegge *(Carex nigra)*, Schmalblättriges Wollgras *(Eriophorum angustifolium)*, Sumpfschachtelhalm *(Equisetum palustre)*, Steifsegge *(Carex elata)*, Hundsstraußgras *(Agrostis canina)*, Waldsimse *(Scirpus sylvaticus)*, Weißer Germer *(Veratrum album)*, Sumpfvergissmeinnicht *(Myosotis palustris)*

Vereinzelt ist auch die Dunkle Akelei zu finden

Kalkglockenenzian

In einem Gebiet mit derart hohen Niederschlägen wie dem Wildnisgebiet Dürrenstein fehlen natürlich auch hydrophile Vegetationsgesellschaften nicht. Diese Kategorie umfasst Fließgewässer mit ihren Ufern ebenso, wie Quellfluren und Moorgesellschaften. Während die leider meist schmalen uferbegleitenden Gehölzstreifen vielen Menschen gut bekannt sind, werden Kleinode wie beispielsweise Quellfluren oft übersehen. Diese Lebensräume am Rande von Quellen und Rieselfluren zeichnen sich durch eine Vielzahl von Moosarten und den in diesen Moosen existierenden Kleinstlebewesen aus. Ökologisch besonders wertvolle und gefährdete Standorte sind die Moorgesellschaften, die vielerorts bereits trocken gelegt wurden. Am „Bärwiesboden", einer Senke im Osten des Wildnisgebietes, treten unterschiedliche Moorgesellschaften auf. Man findet hier Übergangsmoore, basen- und nährstoffarme Kleinseggenriede bis hin zum Großseggenried. Dazu gesellen sich noch Nasse Fettwiesen, die auch als Waldsimsensumpf bezeichnet werden.

Foto Seite 98: Das Alpenfettkraut ist eine der wenigen „fleischfressenden" Pflanzen Mitteleuropas

Foto Seite 100: Die Schönheit liegt oft im Auge des Betrachters – wie diese Detailaufnahme eines Mooses zeigt

Farne siedeln sich gerne in Felsspalten und bei ausreichender Feuchte auf Bäumen an

Die Zwergfledermaus ist unsere häufigste Fledermausart

Tiere

Foto Seite 102: Großer Schillerfalter

Trotz seiner geringen Fläche ist das Wildnisgebiet aufgrund der Verzahnung unterschiedlichster Lebensräume reich an Tierarten. Fast das gesamte ostalpine Artenspektrum ist vertreten. An Wirbeltieren finden sich ca. 45 Säugetier-, ca. 75 Vogel-, 6 Reptilien- und 6 Amphibienarten. Dazu kommen noch die Bachforelle *(Salmo trutta fario)* und die Groppe *(Cottus gobio)* als Vertreter der Fische.

SÄUGETIERE IM WILDNISGEBIET

Ordnung Insektenfresser *(Eulipotyphile)*:
Westigel oder Braunbrustigel *(Erinaceus europaeus)*, Ostigel oder Weißbrustigel *(Erinaceus concolor)*, Alpenspitzmaus *(Sorex alpinus)*, Waldspitzmaus *(Sorex araneus)*, Zwergspitzmaus *(Sorex minutus)*, Europäischer Maulwurf *(Talpa europaea)*

Ordnung Fledermäuse *(Chiroptera)*:
Kleine Hufeisennase *(Rhinolophus hipposideros)*, Großes Mausohr *(Myotis myotis)*, Wimperfledermaus *(Myotis emarginatus)*, Bechsteinfledermaus *(Myotis bechsteinii)*, Wasserfledermaus *(Myotis daubentonii)*, Kleine Bartfledermaus *(Myotis mystacinus)*, Mopsfledermaus *(Barbastella barbastellus)*, Abendsegler *(Nyctalus noctula)*, Zwergfledermaus *(Pipistrellus pipistrellus)*, Braunes Langohr *(Plecotus auritus)*

Ordnung Hasenartige *(Lagomorpha)*:
Schneehase *(Lepus timidus)*, Europäischer Feldhase *(Lepus europaeus)*

Ordnung Nagetiere *(Rodentia)*:
Murmeltier *(Marmota marmota)*, Eichhörnchen *(Sciurus vulgaris)*, Siebenschläfer *(Glis glis)*, Haselmaus *(Muscardinus avellanarius)*, Rötelmaus *(Myodes glareolus)*, Schermaus *(Arvicola terrestris)*, Erdmaus *(Microtus agrestis)*, Schneemaus *(Chionomys nivalis)*, Waldmaus *(Apodemus sylvaticus)*, Gelbhalsmaus *(Apodemus flavicollis)*, Wanderratte *(Rattus norvegicus)*

Ordnung Raubtiere *(Carnivora)*:
Wolf (Ausnahmeerscheinung) *(Canis lupus)*, Rotfuchs *(Vulpes vulpes)*, Braunbär (selten) *(Ursus arctos)*, Dachs *(Meles meles)*, Hermelin *(Mustela erminea)*, Mauswiesel *(Mustela nivalis)*, Mink (Neozoon) *(Neovison vison)*, Fischotter *(Lutra lutra)*, Steinmarder *(Martes foina)*, Baummarder *(Martes martes)*, Europäischer Luchs (selten) *(Lynx lynx)*

Ordnung Paarhufer *(Artiodactyla)*:
Wildschwein (nicht erwünscht) *(Sus scrofa)*, Rothirsch *(Cervus elaphus)*, Reh *(Capreolus capreolus)*, Alpensteinbock (Zuwanderer) *(Capra ibex ibex)*, Gämse *(Rupicapra rupicapra)*

VÖGEL IM WILDNISGEBIET

Ordnung Greifvögel *(Accipitriformes)*:
Wespenbussard *(Pernis apivorus)*, Steinadler *(Aquila chrysaetos)*, Habicht *(Accipiter gentilis)*, Sperber *(Accipiter nisus)*, Mäusebussard *(Buteo buteo)*

Ordnung Falkenartige *(Falconiformes)*:
Wanderfalke *(Falco peregrinus)*, Turmfalke *(Falco tinnunculus)*

Ordnung Hühnervögel *(Galliformes)*:
Haselhuhn *(Bonasa bonasia)*, Auerhuhn *(Tetrao urogallus)*, Birkhuhn *(Tetrao tetrix)*, Alpenschneehuhn *(Lagopus mutus)*

Ordnung Schnepfen, Möwen- und Alkenvögel *(Charadriiformes)*:
Waldschnepfe *(Scolopax rusticola)*

Ordnung Taubenvögel *(Columbiformes)*:
Ringeltaube *(Columba palumbus)*, Hohltaube *(Columba oenas)*

Ordnung Eulen *(Strigiformes)*:
Uhu (Nahrungsgast) *(Bubo bubo)*, Habichtskauz (Wiederansiedlung) *(Strix uralensis)*, Waldkauz *(Strix aluco)*, Raufußkauz *(Aegolius funereus)*, Sperlingskauz *(Glaucidium passerinum)*

Ordnung Kuckucke und Turakos *(Cuculiformes)*:
Kuckuck *(Cuculus canorus)*

Ordnung Spechte *(Piciformes)*:
Schwarzspecht *(Dryocopus martius)*, Grauspecht *(Picus canus)*, Weißrückenspecht *(Picoides leucotos)*, Buntspecht *(Picoides major)*, Dreizehenspecht *(Picoides tridactylus)*

Ordnung Sperlingsvögel *(Passeriformes)*:
Felsenschwalbe *(Ptyonoprogne rupestris)*, Baumpieper *(Anthus trivialis)*, Wasserpieper *(Anthus spinoletta)*, Bachstelze *(Motacilla alba)*, Gebirgsstelze *(Motacilla cinerea)*, Wasseramsel *(Cinclus cinclus)*, Zaunkönig *(Troglodytes troglodytes)*, Heckenbraunelle *(Prunella modularis)*, Alpenbraunelle *(Prunella collaris)*, Rotkehlchen *(Erithacus rubecula)*, Hausrotschwanz *(Phoenicurus ochruros)*, Singdrossel *(Turdus philomelos)*, Misteldrossel *(Turdus viscivorus)*, Ringdrossel *(Turdus torquatus)*, Amsel *(Turdus merula)*, Gartengrasmücke *(Sylvia borin)*, Mönchsgrasmücke *(Sylvia atricapilla)*, Klappergrasmücke *(Sylvia curruca)*, Dorngrasmücke *(Sylvia communis)*, Zilpzalp *(Phylloscopus collybita)*, Waldlaubsänger *(Phylloscopus sibilatrix)*, Berglaubsänger *(Phylloscopus bonelli)*, Fitis *(Phylloscopus trochilus)*, Wintergoldhähnchen *(Regulus regulus)*, Sommergoldhähnchen *(Regulus ignicapillus)*, Grauschnäpper *(Muscicapa striata)*, Zwergschnäpper *(Ficedula parva)*, Kohlmeise *(Parus major)*, Tannenmeise *(Parus ater)*, Blaumeise *(Parus caeruleus)*, Haubenmeise *(Parus cristatus)*, Weidenmeise *(Parus montanus)*, Sumpfmeise *(Parus palustris)*, Kleiber *(Sitta europaea)*, Mauerläufer *(Tichodroma muraria)*, Waldbaumläufer *(Certhia familiaris)*, Eichelhäher *(Garrulus glandarius)*, Tannenhäher *(Nucifraga caryocatactes)*, Alpendohle *(Pyrrhocorax graculus)*, Aaskrähe *(Corvus corone)*, Kolkrabe *(Corvus corax)*, Buchfink *(Fringilla coelebs)*, Grünling *(Carduelis chloris)*, Erlenzeisig *(Carduelis spinus)*, Birkenzeisig *(Carduelis flammea)*, Gimpel *(Pyrrhula pyrrhula)*, Kernbeißer *(Coccothraustes coccothraustes)*, Fichtenkreuzschnabel *(Loxia curvirostra)*, Goldammer *(Emberiza citrinella)*, Girlitz *(Serinus serinus)*

Die Unterseite der Gelbbauchunke signalisiert Fressfeinden: Ich bin ungenießbar!

REPTILIEN IM WILDNISGEBIET

Ordnung Echsen *(Sauria)*:
Bergeidechse *(Zootoca vivipara)*, Zauneidechse *(Lacerta agilis)*, Blindschleiche *(Anguis fragilis)*

Ordnung Schlangen *(Ophidia)*:
Kreuzotter *(Vipera berus)*, Ringelnatter *(Natrix natrix)*, Schlingnatter *(Coronella austriaca)*

AMPHIBIEN IM WILDNISGEBIET

Ordnung Froschlurche *(Anura)*:
Grasfrosch *(Rana temporaria)*, Erdkröte *(Bufo bufo)*, Gelbbauchunke *(Bombina variegata)*

Ordnung Schwanzlurche *(Urodela)*:
Alpensalamander *(Salamandra atra)*, Feuersalamander *(Salamandra salamandra)*, Bergmolch *(Triturus alpestris)*

Dieser weibliche Bergmolch läuft über den Laich (Eier) eines Grasfrosches

Portrait eines männlichen Buntspechtes

Der Umfang dieses Buches würde nicht ausreichen, um auch nur die wichtigsten und häufigsten Tierarten ausführlich zu beschreiben. Es können daher nachfolgend nur die faunistischen Besonderheiten des Gebietes vorgestellt werden. Zuerst aber noch ein paar Bemerkungen zum Wildtiermanagement im Wildnisgebiet.

Wie in allen vergleichbaren Schutzgebieten wird auch im Wildnisgebiet Dürrenstein auf jeglichen Eingriff in die Tierwelt verzichtet. Es gibt jedoch eine Ausnahme: Die Regulation des Schalenwildes. Hohe Bestände an Rot-, Reh- und Gamswild sowie Schwarzwild, das ursprünglich ganzjährig nicht heimisch war, können durch Verbiss eine natürliche Waldverjüngung stören.

Fotos Seite 108 und 109: Die Kreuzotter kommt in unterschiedlichsten Farbvarianten vor. Die schwarze Farbmorphe ist als „Höllenotter" bekannt

Die Regulation unterscheidet sich von Jagd im herkömmlichen Sinne durch ihre Zielsetzung und Motive. Zu Eingriffen kommt es nämlich nur dann, wenn das Wald-Wild-Gefüge aus dem Gleichgewicht gerät, oder wenn benachbarte Forstreviere mit gravierenden Nachteilen zu rechnen hätten. Gämsen müssen kaum reguliert werden, da strenge Winter ihren Tribut fordern, der den Bestand auf natürliche Weise reguliert. Beim Rotwild wird jedes Jahr basierend auf dem aktuellen Wildbestand und dem Zustand der Waldverjüngung entschieden, ob Maßnahmen gesetzt werden. Diese Vorgehensweise hat zur Folge, dass Trophäenträger wie Rothirsche im Wildnisgebiet an Altersschwäche sterben dürfen. Auch die Vertrautheit der Tierarten steigt durch die geringen Eingriffe. Speziell beim Rehwild, das im Wildnisgebiet nicht reguliert wird, ist eine deutliche Verringerung der Fluchtdistanz zu beobachten.

In äußerst seltenen Fällen gibt es einen weiteren Grund, in den Lebenszyklus einer Wildtierart einzugreifen. Nämlich dann, wenn es um den Erhalt einer Spezies geht, deren Bestand national oder sogar international gefährdet ist. Diese Prämisse war Voraussetzung für den Entschluss der Verwaltung des Wildnisgebietes, an der Wiederansiedlung des Habichtskauzes, der im vergangenen Jahrhundert aus Österreich verschwunden ist, aktiv mitzuwirken. Seit dem Jahr 2009 werden Habichtskäuze nach einer international erprobten Methode in die Freiheit entlassen. Ausgehend vom Wildnisgebiet Dürrenstein und dem Biosphärenpark Wiener Wald sollen die freigelassenen Käuze eine neue Population in Österreich etablieren. Bereits nach vier Jahren gab es in Abhängigkeit von den Kleinsäugern erste Bruterfolge rund um das Wildnisgebiet.

Windwürfe schaffen für das Schalenwild attraktive Äsungsflächen und für große Beutegreifer neue Jagdgebiete

Foto Seite 112: Durch das Auswildern von jungen Habichtskäuzen soll diese Eulenart in Österreich wieder heimisch werden

Die Tierwelt des Wildnisgebietes kann zumindest für Österreich mit einigen Besonderheiten aufwarten. Insbesondere was große Beutegreifer wie Braunbären, Luchse oder Wölfe betrifft, schein das Wildnisgebiet als naturnaher Lebensraum gut geeignet zu sein. Durchzügler dieser Arten werden immer wieder nachgewiesen. Leider ist das Wildnisgebiet zu klein, um Heimat für ganze Populationen dieser Arten zu werden. Da auch im 21. Jahrhundert im Umfeld des Schutzgebietes die Toleraz gegenüber den vermeintlichen Konkurrenten noch immer nicht in ausreichendem Maße gegeben ist, müssen wir wohl noch Jahre warten, bis unsere großen Beutegreifer in ihre angestammte Heimat zurückkehren können. Bei manchen Arten wird das vermutlich für lange Zeit Wunschdenken bleiben.

Die Waldmaus ist eine häufige Art des Wildnisgebietes. Sie kann sehr leicht mit der Gelbhalsmaus verwechselt werden

Viele Arten von Kleinsäugern finden im Wildnisgebiet geeignete Lebensbedingungen. So kommt speziell in den Urwäldern der bekannte Siebenschläfer in manchen Jahren in hoher Populationsdichte vor. Die natürlichen Zyklen diverser im Wald lebender Bilche und Mäuse können hier ungestört durchlaufen werden. Dies hat zur Folge, dass in manchen Jahren ein Überangebot an Beutetieren für unsere „Räuber" zur Verfügung steht, während in anderen Jahren manch Greifvogel und Eule mangels Futterangebot verhungert. Die beiden eng verwandten Arten Wald- und Gelbhalsmaus, aber auch die Rötelmaus durchleben regelmäßig diese starken Bestandesschwankungen. Die Bestände der Kleinsäuger können dabei auf unter fünf Prozent des Bestandes eines Massenvermehrungsjahres zusammenbrechen. Erst wenn Buche oder Fichte wieder in ausreichendem Maße fruktifizieren, erholen sich die Mäusepopulationen und beginnen wieder deutlich anzuwachsen. Der Zusammenbruch der Populationen wird meist durch Nahrungsmangel, Krankheiten und sozialen Stress hervorgerufen.

Die Ur- und Naturwälder bieten für manche waldgebundene Fledermausart günstige Lebensbedingungen. Als Nahrungsgast können bis zu zehn Fledermausarten beobachtet werden, wobei die Zwergfledermaus die häufigste Art ist und in einer Hütte des Wildnisgebietes sogar mit Mutterkolonien oder Wochenstuben auftritt. Ebenfalls zu den insektenfressenden Säugetieren gehört der Igel. Interessant ist, dass im und um das Wildnisgebiet zwei unterschiedliche Igelarten angetroffen werden können: Der Weißbrust- oder Ostigel und der Braunbrust- oder Westigel.

Der Schneehase wechselt im Winter seine Fellfarbe

Die kleinste Säugetierart im Schutzgebiet ist die Zwergspitzmaus. Mit einer mittleren Größe von fünf Zentimetern und einem Durchschnittsgewicht von ca. 4,5 Gramm gehört diese Art zu den kleinsten Säugetieren weltweit. Auch das kleinste Raubtier Europas, das Mauswiesel, kann im Wildnisgebiet beobachtet werden. Es dringt bis über die Baumgrenze in die Gipfelregion des Dürrensteins vor. Seine Lieblingsbeute sind, wie der Name schon sagt, Mäuse.

Bei fehlender Bejagung verlieren Rehe ihre Scheu

Foto Seite 116: Der Luchs streift leider nur selten durch unser Gebiet

Foto Seite 119: Der Dreizehenspecht profitiert vom Auftreten der Borkenkäfer

Von der Naturnähe des Wildnisgebietes und seinem hohen Anteil an absterbenden und toten Bäumen profitieren auch eine Reihe von Vogelarten. Das Strukturelement Totholz, das in fast allen Wirtschaftswäldern Mitteleuropas Mangelware ist, ist für manche Arten sowohl „Speisekammer" als auch Brutraum. Allen voran sind hier die Spechte zu nennen, die alte Bäume sowohl zur Futtersuche, als auch zum Bau ihrer Bruthöhlen nutzen. Insgesamt findet man fünf Spechtarten, wobei der Weißrückenspecht, eine besonders gefährdete Art, der Grauspecht und der Dreizehenspecht in überdurchschnittlich hohen Dichten vorkommen. Neben diesen drei Arten leben auch noch der Schwarzspecht und der Buntspecht in den Wäldern der Region. Als Folgenutzer der Schlaf- und Bruthöhlen der Spechte gelten die Kleineulen. Der Raufußkauz, dessen Vorkommen eng mit dem Auftreten des Schwarzspechtes korreliert, brütet bevorzugt in den Höhlen unseres größten Spechtes. Unsere kleinste Eule, der Sperlingskauz, bezieht die Höhlen des Bunt-, des Weißrücken- und des Dreizehenspechtes. In diesen sicheren Höhlen zieht er dann seine Jungen auf.

Der Schwarzspecht zimmert so große Bruthöhlen, dass diese auch vom Raufußkauz genutzt werden können

Als ornithologische Highlights gelten im Wildnisgebiet das Auftreten des Steinadlers und des Wanderfalken, sowie das Vorkommen aller vier mitteleuropäischen Raufußhuhnarten. Allen voran das truthahngroße Auerhuhn, das besonders gerne die Wälder im Osten des Schutzgebietes nutzt. Birkhuhn und Alpenschneehuhn kommen vor allem dort vor, wo es freie Flächen gibt, also bevorzugt im Bereich der Almen. Unser kleinstes Raufußhuhn, das Alpenschneehuhn, dringt bis in die Gipfelregion vor. Diese Vogelart weist noch eine Besonderheit auf: Sie wechselt die Gefiederfarbe. Während die Tiere im Winter schneeweiß sind, besitzen sie im Sommer eine braune Tarnfärbung. Die weißen Flügelspitzen bleiben auch zu dieser Zeit erhalten. Mit etwas Glück kann man im Frühjahr an manchen Stellen die auffällige Balz unserer Birkhühner beobachten, die sich dann zwischen den letzten Schneefeldern um die Möglichkeit der Weitergabe ihres Erbmaterials bemühen. Das Haselhuhn als vierte Spezies ist die einzig monogame Raufußhuhnart im Gebiet.

Bei den Vögeln stellt die Ordnung der Sperlingsvögel die größte Artenzahl. Wärmeliebende Arten kommen ebenso vor wie typische Gebirgsarten. Charakterarten des Hochgebirges sind die Alpenbraunelle, der Mauerläufer oder der Fichtenkreuzschnabel. Diese Finkenart kann in Abhängigkeit vom Angebot an Fichtensamen auch während der schneereichen Wintermonate erfolgreich brüten. Um zu verhindern, dass die Jungen erfrieren, bleibt während der Futtersuche immer ein Altvogel am Nest. Im Gegensatz zu dieser außergewöhnlichen Art verlassen im Winter viele Sperlingsvögel die kalte, unwirtliche Region und fliegen in den Süden oder kommen zumindest zu unseren Futterhäuschen in die Tallagen. Nicht so die kleinste Vogelart Eurasiens. Das nur neun Zentimeter große und ca. fünf Gramm leichte Wintergoldhähnchen lebt das gesamte Jahr über im Wildnisgebiet. Es hält sich dabei vor allem in den immergrünen Nadelwäldern auf, wo es auch seine Nahrung sucht und findet.

Der Sperlingskauz kann auch am Tage beobachtet werden

Der Uhu ist nur Nahrungsgast im Wildnisgebiet. Bisher sind keine Bruten nachgewiesen

Der Wanderfalke (hier ein Jungvogel) kommt mit ein bis zwei Paaren im Wildnisgebiet vor

Der Habicht bevorzugt zur Brutzeit nadelholzreiche Bestände

Ein Charaktervogel unserer Region ist der Kolkrabe. Diese intelligente und sehr anpassungsfähige Art kann im gesamten Gebiet angetroffen werden. Bereits in den letzten Wintermonaten beginnt dieser Rabenvogel mit seinem Brutgeschäft. Als Nahrung dienen ihm zu dieser Zeit die Reste von Lawinenopfern und all jenen Tieren, die infolge von Krankheiten und Altersschwäche den Winter nicht überlebt haben. In den Gipfelregionen kann eine sehr nahe Verwandte des Kolkrabens, die Alpendohle, beobachtet werden. Natürlich gibt es auch Spezies, die nicht im Wildnisgebiet brüten, dieses aber als Nahrungsrevier betrachten. Darunter sind so seltene Arten wie unsere größte Eule, der Uhu, oder unser „Waldstorch", der Schwarzstorch. In den fischarmen Gewässern ist sehr selten auch der Graureiher auf Nahrungssuche zu beobachten.

Foto Seite 122: Der Steinadler zieht in der Regel nur einen Jungvogel pro Jahr erfolgreich auf

Die Ringelnatter bewohnt nur die tief gelegenen Regionen

An Amphibien und Reptilien stellt das Wildnisgebiet aufgrund der klimatischen Bedingungen sehr große Anforderungen. Deshalb finden sich nur wenige Arten dieser Ordnungen. Aber wie überall im Tierreich gibt es auch hier Spezialisten, die sich an diese schwierigen Bedingungen angepasst haben. Dazu gehören beispielsweise die Kreuzotter oder der Alpensalamander. Da in den alpinen Regionen die warme Jahreszeit zu kurz ist, um die Eier der Kreuzotter zu erbrüten bzw. eine Entwicklung der Alpensalamander im Wasser zu gewährleisten, hat die Evolution die Lebendgeburt bei diesen beiden Arten hervorgebracht. Wobei gerade die Entwicklung der jungen Alpensalamander von besonderem Interesse ist. Bei der Paarung werden nur zwei Eier befruchtet. Alle übrigen Eier dienen den beiden im Mutterleib geschlüpften Larven als Nahrung. Wenn diese aufgebraucht ist, wird von der Mutter eine Nährsubstanz gebildet, welche die weitere Metamorphose ihrer Nachkommenschaft in ihrem Körper ermöglicht. Erst wenn die Larvenentwicklung vollständig abgeschlossen ist, werden die fertigen Jungsalamander zur Welt gebracht. Trotz der geringen Nachkommenschaft sind die Alpensalamander nicht gefährdet, da es aufgrund ihres giftigen Hautsekretes kaum Fressfeinde gibt.

Der Alpensalamander bringt alle 2 bis 4 Jahre nur 2 fertig entwickelte Junge zur Welt

Die Riesenholzwespe legt ihre Eier in selbst gebohrte 6 – 10 mm tiefe Kanäle. Die Larven entwickeln sich im Holz in Symbiose mit Pilzen

Eine besonders wichtige Tiergruppe des an Totholz reichen Wildnisgebietes sind die Insekten, die in einer derartigen Fülle auftreten, dass es hier nicht einmal möglich ist, alle Gruppen aufzulisten. Besonders auffällig sind natürlich die Tagfalter, die in ihrer Farbenpracht in den Sommermonaten das Wildnisgebiet bereichern. Viele seltene und teils endemische Insektenarten, die auf Totholz angewiesen sind, finden sich im Wildnisgebiet. Neben Sturm und Schnee gibt es auch Insektenarten, die Totholz schaffen, wie etwa die Borkenkäfer. Im Gegensatz zu den Wirtschaftswäldern stellen die Borkenkäfer keine Gefahr für das Wildnisgebiet dar, vielmehr gehören sie zum natürlichen Artengefüge eines Ökosystems. Hier, wo keine ökonomischen Aspekte im Vordergrund stehen, trägt insbesondere der Buchdrucker zur Umwandlung der sekundären, vom Menschen geschaffenen, Fichtenbestände bei. Durch den Zusammenbruch dieser künstlich begründeten Waldgesellschaften wird die Naturverjüngung beschleunigt und ein natürliches Artengefüge stellt sich rascher ein. Das Ergebnis der Bestandesauflichtungen sind außerdem neue Äsungsflächen für die Wildwiederkäuer und Jagdgebiete für Beutegreifer.

Schusterbock bei der Paarung

Fotos Seite 127: „Käferloch" Kleines Bild links: Der Buchdrucker trägt wesentlich zum Umbau der vom Menschen geschaffenen Fichtenbestände bei. Kleines Bild rechts: Ameisenbuntkäfer, ein natürlicher Feind der Borkenkäfer

Vom Totholz, das durch Wind, Schnee und Sturm sowie natürliche Mortalität geschaffen wird, profitieren viele sehr seltene Totholzbewohner. Dazu gehören Holzwesen ebenso wie einer unserer schönsten Bockkäfer – der blau gefärbte Alpenbock. Entomologische Besonderheiten im Wildnisgebiet sind weiters der Scharlachrote Plattkäfer oder seltene Poch-, Flach- oder Bockkäferarten, für die es zum großen Teil keine deutschen Namen gibt. Man findet sie nur unter ihren wissenschaftlichen Bezeichnungen wie *Peltis grossum* (eine Flachkäferart), *Xestobium austriacum* (eine Pochkäferart) oder *Ampedus melanurus* (eine Schnellkäferart, die im Wildnisgebiet zum ersten Mal für Österreich festgestellt wurde).

Der Dunkelblaue Laufkäfer ist ein kräftiger Räuber, der Regenwürmer und Insekten überwältigt

Weiters besiedelt eine Vielzahl von Hautflüglern, Libellen und Heuschrecken die Flächen des Wildnisgebietes Dürrenstein. So gelten die Bergwaldhummel, die Gestreifte Quelljungfer (eine Libellenart) oder die Rotflügelige Schnarrschrecke als besonders bedrohte Arten. Diese knappe Aufzählung kann die Vielfalt unserer Insektenfauna kaum darstellen. Sie kann aber aufzeigen dass man sich auch dem Kleinen und Unscheinbaren widmen muss, wenn man Ökosysteme verstehen will. Die Untersuchungen des Waldbodens zeigen, dass gerade hier sehr viele für den Wald lebenswichtige Prozesse ablaufen. Viele dieser Abläufe sind uns noch nicht bekannt oder zumindest noch nicht oder zu wenig bewusst.

Foto Seite 128: Mohrenfalter nutzen als Nährstoffquelle oft die Exkremente anderer Tiere

Foto Seite 130: Spätwinter in der Hundsau

EIN JAHR IM WILDNISGEBIET DÜRRENSTEIN

Winter

Wie annähernd überall in unserer geografischen Breite und Höhenlage ist auch im Wildnisgebiet der Winter die mit Abstand unwirtlichste und härteste Jahreszeit für alle Lebewesen. Die oft sehr schneereichen Winter mit manchmal bis zu zehn Meter aufsummierten Schneemengen erschweren das Überleben im Gebiet wobei es in Abhängigkeit von der Steilheit des Geländes und der Exposition zu unterschiedlichen Schneehöhen kommen kann. Während in Tallagen und Mulden noch über einen Meter Schnee liegt, sind viele Hänge bereits schneefrei und bieten den Tieren Nahrung sowie einzelnen Frühlingsboten bereits ausreichende Wärme zum Blühen. Besonders die Schneerose ist früh zwischen den Schneefeldern zu finden. Unsere Winter dauern bis zu sechs Monaten.

Selbst die schwache Wintersonne bewirkt große Temperaturunterschiede zwischen Sonn- und Schattseite

Um bei diesen Bedingungen überleben zu können, haben die Tiere unterschiedlichste Strategien entwickelt. Viele Tierarten, wie z.B. alle Zugvögel, aber auch das Rotwild, verlassen im Winter das Wildnisgebiet. Während unsere „Sommergäste" zum Teil bis Südafrika fliegen, wandert das Rotwild, das früher bis in die Vorlagen und Auen unserer Flüsse ausweichen musste, nun zu den nächsten Rotwildfütterungen, die wenige hundert Meter außerhalb des Schutzgebietes liegen. Das mit dem Rotwild nahe verwandte Rehwild hat eine völlig andere Strategie entwickelt. Die Rehe weichen zwar von den Hochlagen in die tiefer gelegenen Wälder aus, verlassen das Gebiet aber nur im Ausnahmefall. Rehe sind in der Lage, ihren Stoffwechsel drastisch herabzusetzen und so bei ungünstigen Witterungsverhältnissen mehrere Tage ohne Nahrungsaufnahme zu überleben. Dabei verharren sie oft völlig reglos. Kommt es jedoch zu Störungen, insbesondere durch den Menschen, kann dies katastrophale Folgen nach sich ziehen.

Foto Seite 133: Sonne und Schneekristalle verzaubern die winterliche Landschaft

*Fotos Seite 134:
Impressionen aus dem
Wildnisgebiet während
der rauen Jahreszeit*

*Foto Seite 135:
Die Kaltluft „fließt“
entlang der Bäche und
sorgt so für besonders
tiefe Temperaturen*

Foto Seite 136: Füchse ernähren sich zu dieser Jahreszeit bevorzugt von Aas und Mäusen

Foto Seite 138: Haareis – gebildet durch Zersetzungsprozesse von Pilzen im Holzinneren

Foto Seite 139: Die roten Beeren des Schneeballs sind leicht giftig

Jede Beunruhigung der Wildtiere bedeutet für diese großen Stress. Der stark reduzierte Stoffwechsel wie beim Rehwild, aber auch bei den meisten anderen Großsäugern und Vögeln, wie dem Birk- oder dem Alpenschneehuhn, muss innerhalb kürzester Zeit „hochgefahren" werden. Dabei verbrauchen die Tiere wichtige Reserven, die ihnen dann in den letzten Wintertagen fehlen und den Tod der Tiere nach sich ziehen können. Man sollte daher immer daran denken, dass man abseits von Pisten, markierten Wegen oder vorgegebenen Schitourstrecken im Winter auch auf andere Lebewesen Rücksicht nehmen muss.

Viele Tiere wie das Murmeltier, der Siebenschläfer, die Haselmaus oder Fledermausarten verschlafen die kalte Jahreszeit. Diese Arten haben sich ausreichend Speck für den Winter angefressen, um diesen ohne Nahrungsaufnahme in einem gut temperierten Versteck verbringen zu können. Erst wenn der Schnee geschmolzen ist und die Sonne ausreichend Wärme gewährleistet, erscheinen unsere Langschläfer wieder auf der Bildfläche.

Der Südwestabhang des Dürrensteins nach einem Schneesturm

Eine ähnliche Strategie verfolgen auch die Braunbären. Diese halten aber keinen richtigen Winterschlaf, sondern nur eine Winterruhe, in der sie ebenfalls von ihrem Winterspeck zehren. Die weiblichen Bären bringen während der Wintermonate ihre nur etwa rattengroßen Jungen zur Welt. Aber nicht nur die Bären sorgen im Winter für Nachkommenschaft, auch die Gämsen halten ihre Brunft im Winter ab. Während der Paarungszeit tragen die Böcke so heftige Kämpfe und energiezehrende Verfolgungsjagden aus, dass besonders ältere Tiere das nächste Frühjahr nicht mehr erleben. Gämsen verfügen nicht, wie zum Beispiel Rehe, über eine Keimruhe, die eine Brunft in den warmen Monaten ermöglicht. Bei der Keimruhe erfolgt die Befruchtung der Eizelle bereits im Sommer, die Entwicklung des Embryos setzt jedoch erst ab dem Spätwinter ein. Um gewährleisten zu können, dass die Gamskitze im Frühjahr zur Welt kommen, muss die kraftraubende Brunft daher im Winter abgehalten werden. Viele der Gämsen stürzen zudem im Winter ab, oder kommen in Lawinen zu Tode.

Foto Seite 141: Nach starker Tageserwärmung gefriert das Schmelzwasser in den klaren Nächten und umschließt Felsen, Holz und Pflanzenteile

Foto Seite 143: Erster Schneefall in der Hundsau

Die Sumpfmeise erträgt auch die tiefsten Temperaturen

Bleibt noch die große Gruppe jener Tierarten, die sich ohne spezielle Strategien durch den harten Winter des Wildnisgebietes kämpfen. Mit Ausnahme des bereits angesprochenen Braunbären und in geringerem Ausmaße auch des Dachses sind alle Fleischfresser während der kalten Jahreszeit aktiv. Füchse und Marder kämpfen dabei ebenso gegen den Hunger wie alle Greifvögel und Eulen, die höchstens in tiefere Regionen ausweichen, aber nicht abwandern – mit Ausnahme des Wespenbussards, der als Zugvogel nach Afrika fliegt. Ebenso verbringen die meisten Finken und Meisen den Winter hier. Zu dieser Jahreszeit weichen viele insektenfressende Vogelarten auf pflanzliche Nahrung, speziell auf Pflanzensamen, aus. Das Wintergoldhähnchen sucht seine Nahrung, kleinste Insekten und Spinnen, in den Ritzen der Rinde und auf den Nadeln von Tanne und Fichte.

Die Flügellose Schneemücke gehört zu den winteraktiven Insekten, die zahlreicher sind, als allgemein angenommen

Bei strengem Frost kommt es in den Bächen zu einer Grundeisbildung

Die kalte Jahreszeit bedeutet im Wildnisgebiet immer auch Veränderung. Nach jedem Winter sieht das Gebiet etwas anders aus. Dies hängt damit zusammen, dass die Natur durch starke Stürme und Lawinen Kräfte freisetzt, die zu anderen Jahreszeiten nicht in diesem Ausmaß gegeben sind. Bei Nassschnee bleiben größere Schneemengen an den Baumkronen haften. Die Kronen werden oft schon alleine durch dieses zusätzliche Gewicht gebrochen. Fegen noch Winterstürme über das Gebiet, haben die Bäume den einwirkenden Kräften nichts mehr entgegenzusetzen und brechen unter der Last. Sind die Wälder gleichen Alters und haben ein gleichförmig geschlossenes Kronendach, so führt dies manchmal zu flächigen Bestandeszusammenbrüchen. Starker Schneefall und häufige Windereignisse schaffen durch das Verfrachten von Schnee günstige Bedingungen für Lawinen, die dann im Wildnisgebiet ohne Zutun des Menschen mit großer Wucht ins Tal donnern.

Fotos Seite 144, 148 und 150: Der glitzernde Schnee überzieht die Landschaft mit einem romantischen Kleid, aber nur für uns Menschen. Zahlreiche Tiere sterben im Winter durch Hunger und Lawinen (kleines Foto S. 144)

Foto Seite 145: Besonders im Winter lebt der Steinadler von Aas

Foto Seite 146: Kaum jemand weiß noch, dass die Amsel früher ein scheuer Waldbewohner war. Heute ist sie in unseren Gärten und Städten allgegenwärtig

Hangrieselquellen werden in Eisskulpturen verwandelt

Im Mai 2009 versperrten die Reste zweier Lawinen den einzigen Zugangsweg zur Hundsau

Frühling

Am Übergang vom Winter zum Frühling, also während jener Zeit, in der die Kräfte der Elemente noch hin und her wogen, kann man erstmals die Folgen des vorangegangenen Winters richtig erkennen. Der Winter 2008/2009 zeigte mit mehreren Lawinen welche enormen Kräfte von der Natur freigesetzt werden können. In allen Teilen des Schutzgebietes krachten Lawinen in die Wälder und rissen Tonnen von Holz mit sich. Besonders im Westen des Wildnisgebietes veränderten im März eine Staublawine und eine unmittelbar darauffolgende Nassschneelawine das Landschaftsbild nachhaltig. Auf einer Breite von bis zu 100 Metern räumten die Schneemassen alles aus dem Weg und transportierten ihre Fracht zum Teil bis ins Tal.

Die Schneerose bricht als erste Blütenpflanze durch den abtauenden Schnee

Die Schneemassen samt dem verfrachteten Holz begruben den Zufahrtsweg und den Hundsaubach unter einer über 20 Meter dicken, betonharten Schneeschicht, deren Reste erst im September 2009 zur Gänze verschwunden waren. Die Folgen werden aber noch über Jahrzehnte hinweg zu erkennen sein. Sowohl im Urwald, als auch in der Hundsau haben die Lawinen ganze Waldstücke entwurzelt, gebrochen und mit sich gerissen. So katastrophal diese Ereignisse für uns ordnungsliebende Menschen auch sein mögen, so sehr sind sie Bestandteil der Natur und Gestalter unbeeinflusster Ökosysteme. Daher wurden die Folgen dieses Ausnahmewinters auch nicht beseitigt. Vielmehr zieht sich der Mensch auf eine beobachtende Rolle zurück, staunt darüber mit welcher Energie sich die Natur regeneriert und lernt, dass Wildnis auch ohne ihn funktioniert.

Foto Seite 155: Die Larven des Scheckhorn-Distelbocks leben nicht im Holz sondern durchlaufen ihre Entwicklung in den Stengeln von Disteln, Bärenklau und Brennessel

Gimpel,...

...Alpenbraunelle und ...

...Tannenhäher, drei typische Vertreter der Avifauna im Wildnisgebiet

Foto Seite 156: Naturereignisse wie dieser Lawinenabgang sind nur für uns Menschen – nicht für die Natur – Katastrophen

Das geworfene und gebrochene Holz stellt in Abhängigkeit von seinem Durchmesser, seiner Länge und der Baumart für die unterschiedlichsten Insekten neues Brutsubstrat und Nahrungsangebot dar. Die großen und seltenen Bockkäferarten, wie der Alpenbock, profitieren von dieser Entwicklung. Ein Teil der Bäume ist natürlich Lebensraum für die Borkenkäfer, die vom liegenden Holz ausgehend für Stehendbefall sorgen, wobei dies im Wildnisgebiet nicht als Grund zur Sorge angesehen wird. Besonders stark waren von der Lawine in der Hundsau die Fichten betroffen, aber auch starke Buchen wurden entwurzelt, oder wie Streichhölzer geknickt. Im Kerngebiet, dem Urwald Rothwald, fielen Bäume mit einem Brusthöhendurchmesser von weit über einem halben Meter.

In den letzten Jahren sind im Schutz des liegenden Totholzes junge Laubbäume hochgewachsen. Von vergleichbaren Ereignissen, deren Folgen nicht aufgearbeitet wurden, wissen wir, dass das liegende Holz die Naturverjüngung des Waldes begünstigt. Dies vor allem deshalb, weil durch diesen natürlichen „Verhau" das Wild nicht bis zu den Keimlingen und jungen Bäumchen vordringen kann. Damit wird der Verbiss der Pflanzen verhindert. Bis die Stämme soweit ver-modert sind, dass das Holzgewirr für das Schalenwild kein Hindernis mehr darstellt, sind die Pflanzen dem Äser entwachsen. Die Verjüngung des Waldes kann in diesem Stadium vom Wild nicht mehr verhindert werden. Wie ein derartiger natürlicher Prozess abläuft, kann man auf der sogenannten „Liegenbleibfläche" bei der „Edelwies" im Ostteil des Wildnisgebietes betrachten. Nach einem Windwurf Anfang der neunziger Jahre des 20. Jahrhunderts sind ca. elf Hektar vom Menschen unangetastet geblieben. Nach nicht einmal 25 Jahren hat sich eine arten- und individuenreiche, laubbaumdominierte Waldverjüngung eingestellt, die in keinem Wirtschaftswald in dieser Form zu finden ist. Da diese Fläche das letzte und vermutlich einzige Mal vor ca. 250 Jahren forstlich genutzt worden ist, darf davon ausgegangen werden, dass die Entwicklung dieses Bestandes einem primären, also nie genutzten Urwald, hinkünftig sehr nahe kommen wird.

Die Urkräfte der Natur brechen selbst mächtige Buchen wie Streichhölzer

Foto Seite 158: Nach der Schneeschmelze verliert das weiße Fell des Hermelins seine Tarnfunktion. Erst durch den Haarwechsel bekommen die Tiere das braune Sommerkleid

Das klare Wasser des Hundsaubaches beherbergt Bachforellen

Wie bereits ausführlich beschrieben, ist Wasser in Form von Schnee ein wichtiger Gestaltungsfaktor im Wildnisgebiet Dürrenstein. Aber nicht nur die weiße Pracht, sondern auch Wasser im flüssigen Zustand prägt das Bild des Gebietes. Es gibt viele kleine und kleinste Gerinne, die bei Starkregen oder bei lang anhaltenden Niederschlägen zu reißenden und gefährlichen Bächen werden können. Bei geführten Wanderungen muss auf diese Tatsache Rücksicht genommen werden, da Bäche, deren Wasser bei Trockenheit im Schotterkörper fließt, innerhalb weniger Stunden stark anschwellen können, so dass sie für Wanderer nicht mehr gefahrlos zu überqueren sind. Die Morphologie der Bäche ist sehr unterschiedlich. Während das Wasser des Hundsaubaches völlig klar ist und geschliffene Steine mit sich führt, sind die Steine der Bäche im Rothwald vielerorts von einer dicken Moosschicht überzogen und das Wasser ist durch das mitgeführte Substrat oftmals deutlich trüber. Die Fließgewässer dienen als Lebensraum für die Bachforelle aber auch als Lebensgrundlage für die im Wildnisgebiet häufigen Wasseramseln und Gebirgsstelzen. In kleinen Tümpeln leben unter anderem die Larven von Lurchen oder Libellen und andere aquatische Insektenlarven.

Die Bäche im Rothwald fließen gemächlicher als in der Hundsau ab. Daher ist das Bachbett oft stark bemoost

Foto Seite 161: Der Rothwald im zarten „Frühlingsgrün“

Erdkröten kommen zum Laichen an die kleinen Lacken und Tümpel, wo später ihre Nachkommen heranwachsen

Der Hausrotschwanz kommt ursprünglich an Felsformationen vor – heute nutzt er menschliche Gebäude

Foto Seite 162: Regen bringt das saftige Grün der Buchenblätter im Frühjahr besonders zur Geltung

Foto Seite 165: Der Waldkauz gehört zu jenen Arten, die besonders früh im Jahr brüten

Kleine Bartfledermaus auf Beutefang

Der Frühling ist die Zeit des Erwachens. Am Pflanzenkleid sind die Veränderungen am augenfälligsten zu erkennen. Überall beginnt es zu grünen und zu blühen. In der Tierwelt gibt es starke Veränderungen in der Artenzusammensetzung. Insektenfressende Tiere wie Singvögel oder Fledermäuse kehren aus ihren Winterquartieren zurück. Während die zurückgelegten Entfernungen bei Fledermäusen nach ihrem Winterschlaf meist nur wenige Kilometer betragen, hat so mancher Singvogel Tausende von Kilometern hinter sich gebracht. Derartige Flugdistanzen können aber auch von diversen Schmetterlingsarten wie dem Distelfalter oder dem Taubenschwanz zurückgelegt werden. Die körperlichen Leistungen dieser kleinen Insekten oder von Singvögeln mit nur wenigen Gramm Gewicht sind nach menschlichen Maßstäben unvorstellbar. Viele Individuen überleben diese Strapazen jedoch nicht, oder fallen geschwächt Fressfeinden zum Opfer.

Diese Höhlen wurden von einem Schwarzspecht auf Nahrungssuche gezimmert

Das Frühjahr ist aber auch die Zeit der Paarung und der Vermehrung. Während manche Arten wie der Braunbär ihre Jungen im Winter zur Welt bringen, gebären fast alle anderen Säugetierarten ihre Nachkommenschaft in den Frühjahrs- und zeitigen Sommermonaten. Die Schalenwildarten Rot-, Reh- und Gamswild setzen ihre Kälber und Kitze in den Monaten Mai und Juni. Das Nahrungsangebot ist für die Alttiere nun so üppig, dass für die Jungen ausreichend Muttermilch produziert werden kann. Die Kälber und Kitze, aber natürlich auch die Jungen kleinerer Säugetiere, sind einer Vielzahl von Gefahren ausgesetzt. Ein später Wintereinbruch führt oftmals zum Erfrierungs- und Hungertod. Im Frühling wird manch unvorsichtiges Kitz oder Murmeltier Beute des Königs der Lüfte, des Steinadlers, denn zu dieser Zeit sorgen auch die Fleischfresser für Nachkommenschaft.

Der Braunbär verlässt nach der Winterruhe im zeitigen Frühling das Winterquartier

Murmeltiere, halten einen echten Winterschlaf. Sie erscheinen meist erst nach der Schneeschmelze vor ihren Bauen

Der Kleiber ernährt sich im Winter von Sämereien, während im Sommerhalbjahr fast ausschließlich Insekten gefressen werden

Die Blaumeise beginnt im Mai zu brüten

Mit Ausnahme des Fichtenkreuzschnabels, der bei ausreichendem Fichtensamenangebot auch im Winter brütet, beginnen all unsere Vögel im Frühjahr mit ihrem Brutgeschäft. Jene Arten, die sehr lange für die Jungen zu sorgen haben, starten die Brut bereits Ende März oder Anfang April. Dazu gehören besonders der Steinadler oder Eulenarten wie der Waldkauz. Der Bruterfolg dieser Arten ist besonders stark vom Nahrungsangebot abhängig. Ist dieses zur Zeit der Balz schlecht, so werden weniger Eier gelegt, oder es wird vollständig auf eine Brut verzichtet. Die relativ hohe Lebenserwartung erlaubt diese Strategie. Kurzlebige Arten wie fast alle Singvögel müssen jedes Jahr brüten, um die Ausfälle durch strenge Winter und Fressfeinde sowie Krankheiten ausgleichen zu können. Diese Arten brüten erst dann, wenn genügend Nahrung verfügbar ist, also frühestens ab Mitte April. Der größte Singvogel, der Kolkrabe, ernährt seine Jungen auch mit Aas und kann daher bereits im Februar und März mit der Brut beginnen.

Fotos Seite 168:
Das Tagpfauenauge ist ein häufig anzutreffender Falter

Foto Seite 171: Die Haubenmeise bevorzugt als Lebensraum nadelholzreiche Wälder

Der Wespenbussard ist der einzig echte Zugvogel unter den Greifvögeln

Sein naher Verwandter, der Mäusebussard, brütet regelmäßig im Gebiet

Der Sperber beginnt seine Brut erst, wenn genügend junge Singvögel zur Versorgung seiner Nachkommenschaft zur Verfügung stehen

Die Schmuckblume ist eine Besonderheit der Ostalpen

Foto Seite 172: Im Frühjahr ziehen die Gämsen wieder in höhere Lagen und bringen dort ihre Kitze zur Welt

Fotos Seite 174 und 175: Der giftige Seidelbast und die leuchtend gelbe Alpenprimel gehören zu den Frühlingsboten

Im Frühling wird das menschliche Auge durch die Farbenpracht der zahlreichen Blütenpflanzen verwöhnt. Besonders auffällig sind die im zeitigen Frühjahr blühenden Alpenprimeln oder Aurikeln. Viele der besonnten Hänge in der Hundsau sind dann von dieser Primelart bedeckt. Das leuchtende Gelb der Blüten ist über weite Entfernungen hinweg zu erkennen und prägt im März und zum Teil noch im April das Landschaftsbild. Eine nahe Verwandte des Aurikels, die Clusius-Primel, folgt nur wenige Wochen später. Diese Art besitzt rosa Blüten und kommt nur in den Ostalpen vor. Sie wird daher als endemische Art bezeichnet. Ebenfalls rosa sind die kleinen und ährig angeordneten Blüten der Schneeheide sowie jene des giftigen Seidelbastes. Im starken Kontrast dazu stehen die weiß bis dunkelblau gefärbten Blüten der Leberblümchen und einiger früh blühender Enzianarten. Eine Spezialität des Wildnisgebietes im Frühjahr ist die Schmuckblume, die im Westteil des Schutzgebietes zahlreich entlang der Wege blüht.

Die Schneeheide ist besonders an sonnigen Plätzen zu finden

„Baumschwämme" zeigen geotrophen Wuchs – sie richten sich nach der Schwerkraft aus

Gemeinsam mit den Blütenpflanzen prägt das zarte Grün der hervorbrechenden Blätter der Buchen in den Monaten April und Mai die Hänge und Wälder des Wildnisgebietes. Die Laubbaumblätter lassen sich zu dieser Jahreszeit deutlich von den Nadelbäumen bzw. -wäldern unterscheiden. Erst mit zunehmendem Alter der Blätter in den Sommermonaten wird es immer schwieriger, auf größere Entfernung eine eindeutige Differenzierung zwischen den Baumarten aufgrund der Blattfärbung zu treffen. Im Mai zeigen dann auch die Nadelbäume ihre neuen Jahresstriebe. Diese sind deutlich heller und auffälliger als die Nadeln der vergangenen Jahre. Die frischen Blätter und Nadeln sind für viele Insektenarten eine überlebenswichtige Nahrungsquelle, da manche Spezialisten nur diese jungen Triebe fressen und verdauen können. Natürlich verbeißt auch das Schalenwild die Frühjahrstriebe gerne.

Foto Seite 178: Ein Frühjahrssturm brach diese Fichte – hinkünftig wird sie als Nährboden für Artgenossen dienen

In den Kernbereichen des Wildnisgebietes kann man an vielen Stellen die sogenannte Kadaververjüngung antreffen. Es handelt sich dabei um eine Verjüngungsform, die insbesondere der Fichte Vorteile verschafft. Es beginnt damit, dass Samen auf den bereits zu modern beginnenden Stämmen „landen". Diese Samen keimen auf dem liegenden Holz und bilden Wurzeln aus. Langsam wächst auf dem abgestorbenen Holz ein neuer Baum heran. Dessen Wurzeln versuchen, seitlich an dem liegenden Stamm hinab, möglichst rasch Kontakt zum Waldboden herzustellen. Haben die Wurzeln diese Verbindung geschaffen, so ist die Zukunft dieses Baumes in der Regel gesichert. Aus dem Mutterboden können ausreichend Wasser und Nährstoffe in den Baum transportiert werden. Zudem wird die Stabilität des Baumes temporär maßgeblich gesteigert. Nach der völligen Verrottung des liegenden Stammes sinkt die Stabilität wieder.

Die Vorteile dieser Verjüngungsform sind offensichtlich: Die Samen sind in einem hervorragenden Keimbett gelandet, das den Wachstumsstart der Jungbäume durch ausreichend Wasser- und Nährstoffversorgung begünstigt, ja sogar beschleunigt. Zur Zeit der Schneeschmelze im Frühjahr sind die am Stamm wachsenden Bäumchen um ca. einen Monat früher aus der Schneedecke und sie haben somit jährlich einen Monat länger Zeit sich zu entfalten. Dies verschafft den Bäumen die Möglichkeit der harten „Konkurrenz" im Naturwald zu entwachsen. Aber wie fast überall im Leben gibt es keinen Vorteil, der nicht auch Nachteile nach sich ziehen würde. Manche Bäume bezahlen in trockenen Jahren mit dem Leben, weil das Holz rascher austrocknet als der Waldboden. Um den Mutterboden erreichen zu können, bildet der Baum sogenannte Stelzwurzeln, die in weiterer Folge zu einer höheren Instabilität und Windwurfanfälligkeit führen.

Fotos Seite 180 und 182: Kadaververjüngung ist im Urwald für die Fichte die wichtigste Verjüngungsform

Pilze tragen wesentlich zum Holzabbau bei. Das Myzel überzieht die modernden Stämme

Sommer

Der Sommer ist im Wildnisgebiet die Zeit der Blumen und Insekten. Infolge der großen Höhenamplitude, die sich von der tiefmontanen Stufe bis in die alpinen Bereiche erstreckt, ist die Artenvielfalt entsprechend groß. Wärme liebende Arten sind hier ebenso zu finden, wie Spezies, die Kälte ertragen. Die Dürrensteinhänge sind geprägt von Waldgesellschaften mit deutlicher Dominanz der Buche, die an manchen Stellen sogar natürlicher Weise die Baumgrenze bilden kann. In den geschlossenen Wäldern findet man in den Sommermonaten nur wenige Blütenpflanzen. Ganz anders sieht die Situation auf den Freiflächen, den alpinen Rasen und insbesondere auf den Almflächen des Dürrensteins aus.

Im Wald und an den Waldrändern sind nur einzelne Blütenpflanzen wie das Fuchsgreiskraut, der Waldgeißbart oder „Sunnawendhansl" oder diverse Latticharten zu finden. Aber natürlich gibt es am Waldrand und auf Waldlichtungen auch Raritäten wie Orchideen. Allen voran ist dabei der Frauschuh, unsere größte und vielleicht schönste Orchidee zu nennen. Daneben finden sich unterschiedlichste Ragwurzen und Knabenkräuter. Deutlich reicher gestaltet sich die Artenzusammensetzung auf den alpinen Rasen und den Almen. Eine systematische Aufzählung von Arten an dieser Stelle könnte der Vielgestaltigkeit dieser Biotope in keinster Weise gerecht werden und würde auch den Rahmen dieses Buches sprengen. Wir greifen daher nur eine Auswahl von einzelnen für das Gebiet charakteristischen Pflanzen heraus.

Die bis zu einem halben Meter hohe Österreichische Wolfsmilch zeichnet sich zwar nicht durch ihre Farben- bzw. Blütenpracht aus, aber sie ist eine jener Arten, die ausschließlich in den Ostalpen vorkommt und im Wildnisgebiet häufig zu sehen ist. Allen Wolfsmilcharten gemeinsam ist der weiße giftige Pflanzensaft, der bei Verletzung der Pflanze austritt und als „Wolfsmilch" bezeichnet wird. Diese Tatsache machen sich andere Lebewesen zu Nutze. So ernähren sich die Raupen des Wolfsmilchschwärmers, eine Nachtfalterart, ausschließlich von Wolfsmilcharten. Die Aufnahme des Giftes macht diese Tiere für die meisten potenziellen Fressfeinde ungenießbar. Die Raupe kann es sich sogar leisten, durch auffällige Farben auf diesen Tatbestand hinzuweisen.

Foto Seite 186: Der Frauenschuh ist die auffälligste Orchidee des Gebietes

Fotos Seite 188: Trollblume. Der Pannonische Enzian (kleines Bild) ist ein Ostalpenkalkendemit

Foto Seite 189: Das gefleckte Knabenkraut gehört zur Familie der Orchideen

Die Österreichische Wolfsmilch ist ebenfalls eine Charakterart des Wildnisgebietes

Zu den „Schönheiten" des Wildnisgebietes dürfen auch die flächig vorkommenden Trollblumenbestände sowie der Pannonische oder Ostalpen-Enzian gezählt werden. Der Pannonische Enzian ist eine seltene, aber infolge seiner prächtigen Erscheinung auffällige Art des Dürrensteins. Eine botanische Besonderheit des Gebietes ist das Alpenfettkraut, das ebenso wie der an Mooren vorkommende Sonnentau zu jenen mitteleuropäischen Pflanzenarten gehört, die einen wesentlichen Teil ihrer Nährstoffe von „erbeuteten" Tieren beziehen. Das Alpenfettkraut ist eine „fleischfressende" Pflanze. Insekten bleiben an den Blättern der Blume haften und werden dort durch Enzyme verdaut. Die gelösten Stoffe können vom Fettkraut aufgenommen werden.

Foto Seite 190: Die Bachnelkenwurz ist auf Freiflächen und an Waldrändern anzutreffen

Die Behaarte Alpenrose oder „Almrausch“ kommt bis weit über die Waldgrenze vor

Der Waldgeißbart blüht im Schutzgebiet erst Anfang Juli

Die Weiße Silberwurz bildet im Herbst graue „Haare“ aus

Foto Seite 192: Das Grüne Heupferd, hier ein Männchen, ist unsere größte Heuschreckenart…

… und die Kreuzspinne ist die größte Spinnenart

Im Sommer ist besonders für zwei Tiergruppen das „unaufgeräumte" Wildnisgebiet ein wirkliches Eldorado – für Insekten und Spinnentiere. Diese Tiere sind oft mit kleinen Lebensräumen zufrieden und können in großer Dichte vorkomen. Trotzdem stellen auch Insekten große Ansprüche an ihren Lebensraum. Von der Naturnähe der Landschaften im Wildnisgebiet profitieren besonders all jene Arten, die auf totholzreiche Strukturen angewiesen sind. Die Wespen haben sehr unterschiedliche Strategien bei der Nutzung des Totholzes entwickelt. Manche Holzwespenart legt ihre Eier in oder auf das Holz und nach dem Schlupf fressen sich die Larven geraume Zeit durch den Holzkörper. Schlupfwespenarten platzieren ihre Eier auf oder in Larven anderer Totholz bewohnender Insekten. Nachdem die Wespenlarven geschlüpft sind, verzehren sie ihren Wirt, wobei meist wichtige Organe erhalten bleiben, bis der Wirt nicht mehr gebraucht wird. Eine weitere Nutzungsform des Totholzes durch Wespen besteht darin, dass Holzspäne mit Speichel vermischt werden. Aus diesem „Mörtel" werden dann die Nester (Wespenkobel) in der Erde, in Baumhöhlen oder in anderen Hohlräumen gebaut.

Foto Seite 194: Die Holzwespen-Schlupfwespe parasitiert die Larven von Holzwespen

„Juwelen" des Wildnisgebietes:

Kaisermantel

Der Distelfalter führt saisonal weite Wanderungen durch

Der Gelbe Fleckenspanner ist als tagaktiver Nachtfalter ein Kuriosum

Schwalbenschwanz

Trauermantel

C-Falter

Foto Seite 198: Der Nagelfleck, ein Buchenwaldbewohner

Foto Seite 201: Junger Waldkauz im Ästlingsstadium

Natürlich gibt es auch bei den Tagfaltern Spezialisten, die sich an das alpine Leben angepasst haben und ausschließlich dort vorkommen. Zu diesen Arten gehört der attraktiv gefärbte Apollofalter. Dieser weiße Schmetterling mit seinen roten „Augen" und schwarzen Flecken auf den Flügeln ist im Sommer auf vielen Freiflächen und auf den alpinen Rasen des Wildnisgebietes anzutreffen. Die Weibchen legen ihre Eier auf eine Pflanze mit dem schönen deutschen Namen „Fetthenne" ab. Dort schlüpfen die Raupen, die sich in weiterer Folge von dieser Pflanze ernähren. Ihren Namen haben die Fetthennen vermutlich aufgrund ihrer fleischigen Blätter, die viel Wasser speichern können, erhalten. Eine weitere Anpassung an die extremen Lebensbedingungen im Gebirge stellen die dicken Blatthäute dar, die den Wasserverlust durch Verdunstung deutlich herabsetzen.

Die Raupen des Apollofalters ernähren sich nur von „Fetthennenarten"

Die Evolution hat beim Ameisenbläuling eine ganz besondere Form der „Brutpflege" hervorgebracht. Die weiblichen Enzian-Ameisenbläulinge legen ihre Eier auf einer Enzianart ab, von der sich die Raupen im Sommer ernähren. Gegen Ende des Sommers produzieren sie ein Sekret, das manche Waldameisenarten glauben lässt, dass es sich um eine ihrer Königinnenlarven handelt. Um diese zu schützen, tragen die Arbeiterinnen die Raupen in ihren Stock, wo sie von ihnen gefüttert werden. Zum Teil, insbesondere am Beginn ihres „U-Boot-Daseins", fressen die Raupen des Enzian-Ameisenbläulings auch Puppen und Larven der Ameisen. Ist die Raupe fett genug, verpuppt sie sich im Schutz des Ameisenbaus. Erst beim Schlupf muss der fertige Schmetterling für ein möglichst rasches Verlassen seiner „Zieheltern" sorgen, um nicht als Eindringling erkannt und in weiterer Folge getötet zu werden.

Foto Seite 202: Im Totholz und im Kronenbereich der unberührten Naturwälder sind noch viele Raritäten zu entdecken

Einen noch weitgehend unerforschten und vor allem im Sommer sehr artenreichen Lebensraum stellt der Kronenbereich der Naturwälder dar. In den Baumkronen der 30, 40, ja sogar 60 Meter hohen Bäume des Urwaldes Rothwald gibt es vermutlich noch eine Vielzahl an Klein- und Kleinstinsekten, die auf ihre Entdeckung warten. Einzig und alleine die Unzugänglichkeit dieser mächtigen Kronen und die Rücksicht auf diese sensiblen Lebensräume, deren ungestörte Entwicklung absoluten Vorrang in einem Schutzgebiet der Kategorie I nach IUCN haben muss, verhinderten bisher eine hinreichende Artenerfassung durch interessierte Experten.

Fotos Seite 204 und 205: Schwebfliegen kommen in einer ungewöhnlichen Artenfülle vor

Die Untersuchungen an einer einzigen Tiergruppe, die zu einem wesentlichen Teil den Kronenraum nutzt, nämlich jene der Schwebfliegen, hat gezeigt, welcher Artenreichtum hier im Verborgenen schlummert. Im Wildnisgebiet Dürrenstein wurden auf einer Fläche von ca. 25 km^2 bisher 168 Schwebfliegenarten bestätigt. Diese Anzahl entspricht etwa 40 Prozent aller in Mitteleuropa bekannten Arten oder knapp 45 Prozent aller in Österreich erwarteten Spezies. Besonders auffallend dabei ist, dass 60 Prozent dieser nachgewiesenen Arten selten bis sehr selten sind. Experten gehen davon aus, dass im Wildnisgebiet gerade im Kronendach der alten Baumriesen noch weitere Besonderheiten zu finden sein müssten. Auch für Insektenkundler ist das Wildnisgebiet Dürrenstein mit seinen urtümlichen Lebensräumen und selten gewordenen Bewohnern ein Forschungsgebiet von überregionaler Bedeutung.

Fotos Seite 208:
Die Zauneidechse kommt im Wildnisgebiet seltener vor als die Bergeidechse (kleines Foto). Den wenigsten Menschen ist bekannt, dass auch Reptilien, wie an der Zauneidechse ersichtlich, von Holzböcken (Zecken) befallen werden. Das Bergeidechsenweibchen ist trächtig. Es wird fertig entwickelte Junge zur Welt bringen

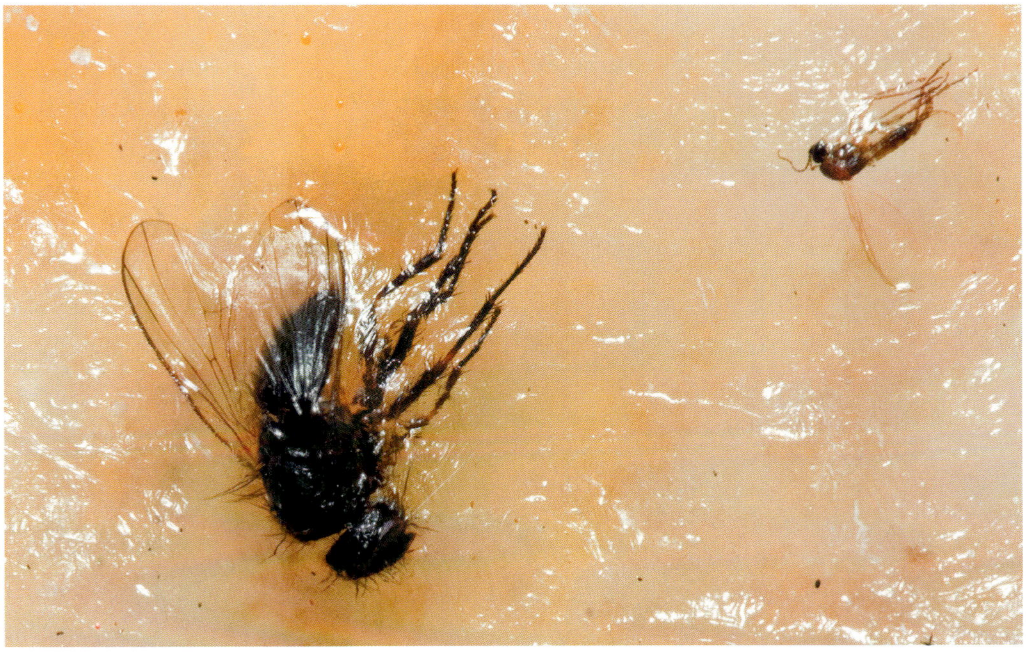

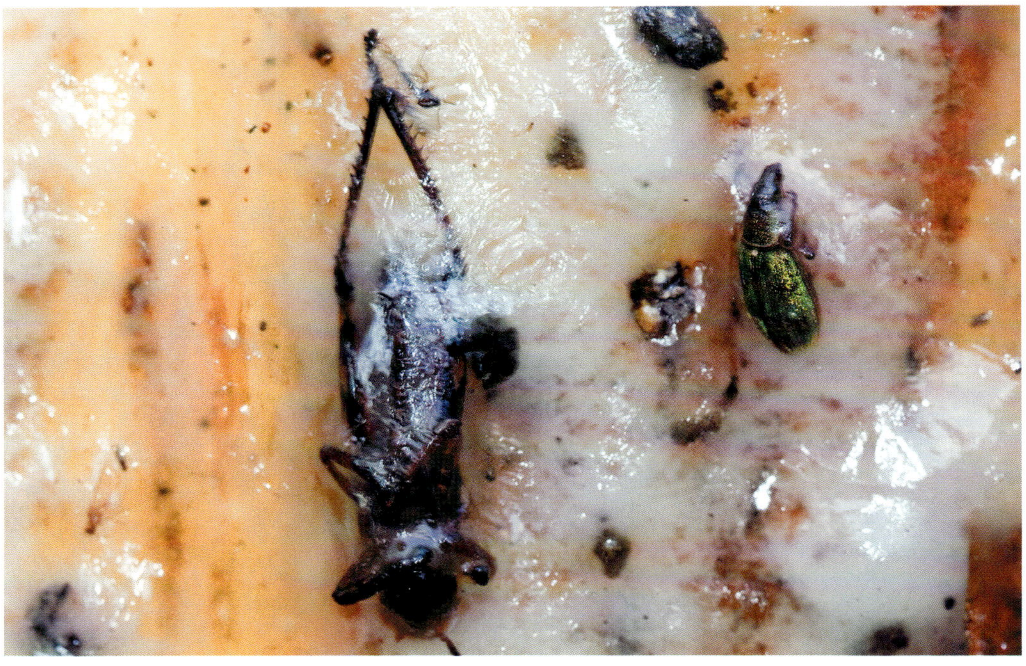

Fotos Seite 210 und 211:
Hier entsteht der Bernstein samt Einschlüssen der kommenden Jahrmillionen.
In den Wunden der Fichten „verharzen“ viele Insekten

Fotos Seite 212:
Der Urwald weist einen Strukturreichtum auf, der in keinem „ordentlichen" Wirtschaftswald zu finden ist

Fotos Seite 213: Totholz ist DAS Charakteristikum des Wildnisgebietes Dürrenstein

Foto Seite 215: Der Steinbock ist ein seltener Gast im Wildnisgebiet

Der attraktive Alpenbock ist in der EU eine Art von gemeinschaftlicher Bedeutung (prioritäre Art)

Im Frühsommer ziehen unsere Kleineulen, der Raufußkauz und der Sperlingskauz, ihre Jungen in Baumhöhlen, meist verlassenen Spechthöhlen, auf. Diese kleinen Eulen ernähren sich gerne von Singvögeln und Mäusen. Im Wildnisgebiet nutzen sie auch große Kerbtiere, wie z.B. den Alpenbock oder Heuschrecken, die regelmäßig erbeutet werden. Bis die jungen Eulen selbständig werden, ist es (Hoch-)Sommer. Zu dieser Zeit gibt es für die Nachkommenschaft eine ausreichende Anzahl an großen Insekten. Aber auch Jungvögel und junge Kleinsäuger, die relativ einfach zu überwältigen sind, werden vom unerfahrenen Eulennachwuchs erbeutet.

Foto Seite 216: Heidelbeeren bevorzugen bodensaure Standorte. Sie sind wichtige Nahrung für Raufußhühner

Foto Seite 218: Am Plateau des Dürrensteins unter sommerlichem Himmel (Blick auf den Noten)

Der Raufußkauz profitiert indirekt vom hohen Totholzanteil, der seine Beutedichte begünstigt

Fotos Seite 220, 222 und 223:
Der Herbst verleiht den naturnahen Wäldern ein unvergleichliches Farbenkleid

Grünling

Herbst

Das laubholzreiche Wildnisgebiet wird vom Herbst in eine Farbenfülle getaucht, die einmalig ist. Die verfärbten Blätter der Rotbuche und des Bergahorns überziehen die Hänge mit leuchtenden Rot-, Braun- und Gelbtönen. Das Farbenspiel in den Kronen setzt sich in der Strauch- und Krautschicht fort und verzaubert auch das Waldesinnere. Zu keiner anderen Jahreszeit kann solche Farbenfülle im Wald erlebt werden! Der Herbst ist auch die Zeit der Fruchtreife. Die Früchte und Samen der Bäume und anderer Pflanzen reifen und fallen zu Boden, um im nächsten Frühjahr zu keimen und eine neue Generation zu begründen.

Der Bergfink sucht nur im Herbst zur Zeit der Buchenmast das Wildnisgebiet in größeren Trupps auf

Fotos Seite 226: Das Dürrensteinmassiv im Spätsommer und zu Winterbeginn

Der Tannenstachelbart ist auf totholzreiche Bestände mit alten Tannen angewiesen

Die Bucheckern sind die auffälligen „Samenbehälter" der Buche, die ein wenig an einen Igel erinnern. Diese und andere Früchte erfüllen nicht nur ihre eigentliche Aufgabe, den Fortbestand der Baumart zu sichern, sondern sind auch wichtige und willkommene Nahrungsgrundlage für viele Tiere. So besucht der farbenprächtige Bergfink das Gebiet nur dann, wenn es ein Buchenmastjahr gibt, also ein Jahr mit reichlich Bucheckern. Der Eichelhäher versteckt im Herbst Bucheckern, um einen Nahrungsvorrat für die kalte Jahreszeit zu haben. Viele Kleinsäuger des Wildnisgebietes brauchen zum Überleben ebenfalls Samen. Gibt es nur wenige davon, brechen die Mäusepopulationen zusammen. Als Folge reduziert sich auch der Bestand all jener Arten, die von den Mäusen leben. Dazu gehören beispielsweise alle Eulenarten im Wildnisgebiet.

Einzelne am Baum wachsende Pilze können Fruchtkörper mit einem Durchmesser von 50 cm und mehr erreichen

Foto Seite 229: Im rotfaulen Fichtenholz nagen Rossameisen ihr Nest

Der Gewöhnliche Fransenenzian blüht spät im Jahr

Der Herbst ist die Zeit der letzten Blüten. Manche Arten, wie der Fransenenzian oder die Silberdistel, können noch während dieser Jahreszeit entdeckt werden. Die meisten Blumen sind aber schon verblüht und haben ihre Samen per Wind, mittels Schwerkraft oder durch Insekten und Vögel im Wildnisgebiet verteilt. Manche Samen bleiben auch am Fell von Säugetieren haften und werden so in neue Gebiete getragen, wo sie, wenn sich geeignete Bedingungen finden, im kommenden Jahr erfolgreich keimen können. Die letzten Blüten werden an warmen Tagen noch von vielen Insekten aufgesucht. Besonders Hummeln sind noch an manch einer Blüte bei der Nahrungsaufnahme zu beobachten. Gerne nutzen Schmetterlinge, bevor sie überwintern, in den Süden fliegen oder aber auch sterben, die Silberdistel und ihre Verwandten bei der Futtersuche.

Die Silberdistel oder „Jagabrot“ dient im Spätsommer und Herbst vielen Insekten als Nahrungsquelle – hier eine männliche Ackerhummel

*Foto Seite 230:
Der Südwestabhang des Dürrensteins nach herbstlichen Schneefällen*

*Foto Seite 233:
Steirischer Fransenenzian*

Der Herbst verwandelt auch das Waldesinnere in ein Farbenmeer

Die herbstliche Jahreszeit veranlasst die Lebewesen, sich auf den Winter vorzubereiten. Zugvögel verlassen das Gebiet, Tiere wie der Siebenschläfer oder der Igel fressen sich noch ausgiebig Winterspeck an, um die starken Fröste und die langen Winternächte zu überstehen. Auch das größte Raubtier der Region, der Braunbär, muss im Herbst noch für ausreichend Reserven sorgen. Dabei ist er nicht wählerisch. Er nutzt alles, was für ihn genießbar ist. Darunter fällt Gras ebenso, wie Früchte, Wurzeln, Insekten(larven), aber auch größere Beutetiere und Aas. Sogar Rotwild kann ihm in Ausnahmefällen zum Opfer fallen. Andere Tiere, wie manche Mäusearten, legen jetzt Vorräte an, die sie im Winter verzehren.

Nicht alle Flechten sind so auffällig gefärbt wie die Schwefelflechte

Foto Seite 234:
Auch wenn das meiste Laub bereits zu Boden gefallen ist, bietet sich in der Hundsau bei Schönwetter ein sehr kontrastreiches Bild

Gebirgswaldameise bei der Abwehr eines Feindes. Sie präsentiert dabei ihre Beißwerkzeuge und versprüht Ameisensäure aus ihrem Hinterleib

„Pelzträger", die keinen Winterschlaf und keine Winterruhe halten, sind auf ihr Winterfell und ihre Fettreserven angewiesen. Alle Arten bekommen ein dichtes und wärmendes Fell, das den Energieverlust reduziert. Zudem setzen manche Spezies, wie das Rot- oder das Rehwild, ihren Stoffwechsel herab, um Energie zu sparen.

Jene Insekten, die im Herbst nicht sterben, verkriechen sich in Felsritzen, in Baumrinde oder sie vergraben sich im Boden. Viele Arten überwintern auch im Puppenstadium. Die erwachsenen Tiere schlüpfen im darauf folgenden Frühjahr oder Sommer.

Fotos Seite 235, 236, und 238:
Der „Altweibersommer" ist besonders schön. Überall bricht sich das Sonnenlicht in vom Morgentau feuchten Spinnennetzen

Fotos Seite 239: Feinste Wassertröpfchen verwandeln die Spinnennetze in „Perlenketten" und machen sie für uns sichtbar

Foto Seite 240: Der herbstliche Dürrensteingipfel aus der Vogelperspektive

Foto Seite 242: Früher Schneefall im Oktober verstärkt die Farbenpracht

WILDNIS

DAS WILDNISGEBIET UND DER MENSCH – EINE AMBIVALENTE BEZIEHUNG

Foto Seite 244: An den Haupteingängen wird der Besucher vom Logo des Wildnisgebietes begrüßt

Nur in wenigen Gebieten Mitteleuropas ist der Umgang mit der Natur derart strikt geregelt wie im Wildnisgebiet Dürrenstein. Der Mensch ist hier nur Gast und staunender Beobachter. Alle anthropogenen Einflüsse, soweit sie im Wirkungsbereich der Verwaltung liegen, werden auf ein Minimum reduziert.

Eine Aufgabe unserer Öffentlichkeitsarbeit ist es, Interesse an der Natur zu wecken

Im Rahmen geführter Wanderungen werden den Besuchern die Ziele und die Bedeutung des Wildnisgebietes näher gebracht

Trotz der Gastrolle des Menschen braucht auch ein Schutzgebiet „Manager". Die Schutzgebietsverwaltung ist hier in zwei Bereichten tätig: Naturraummanagement und „Menschenmanagement". Während sich das Naturraumanagement großteils wissenschaftliche Ergebnisse stützen kann, braucht es bei der Betreuung der Menschen viel Einfühlungsvermögen und Sensibilität. Aber auch ein Arbeiten mit der Natur ist ohne Fingerspitzengefühl nicht möglich!

Foto Seite 246: Unberührte Naturlandschaften stellen einen starken Kontrast zu unserer Kulturlandschaft dar

Foto Seite 248: Alleine durch seine Anwesenheit beeinflusst der Beobachter das zu beobachtende System

Foto Seite 249: Die Schönheit liegt im Detail – Beißwerkzeuge eines Alpenbocks

Wie diese Strukturen wohl entstanden sind?

Natürlich liegt es im Interesse der Verantwortlichen, die Lebewesen und ökologischen Zusammenhänge zu erforschen und die Einzigartigkeit des Ökosystems Urwald den Menschen näher zu bringen. Das Wissen, das bereits die Anwesenheit eines Beobachters das beobachtete System beinflusst, macht uns aber vorsichtig. Das Wildnisgebiet soll so ungestört wie möglich bleiben und die menschlichen Eingriffe – soweit sie im Wirkungsbereich der Verwaltung liegen – werden räumlich und zeitlich begrenzt. Einflüsse wie der Schadstoffeintrag aus der Luft können durch die Betreuer des Schutzgebietes leider nicht beinflusst werden. Es zeigt sich aber, dass in einem weitgehend intakt gebliebenen System derartige Beeinträchtigungen besser verkraftet werden können. Sie bleiben auch hier nicht ohne Folgen, aber die Resilienz (Ausgleichsfähigkeit) ist ausgeprägter.

Die Managementaufgaben im Wildnisgebiet unterliegen ebenso wie Forschungstätigkeiten oder die Durchführung von Exkursionen strengen Richtlinien. So wird die Regulation des Schalenwildes nur auf genau definierten Plätzen und innerhalb kürzester Zeit durchgeführt. Durch diese Vorgehensweise entstehen im Wildnisgebiet große Ruhezonen und lange Ruhephasen für die Tiere, in denen sie sich erholen und ungestört entwickeln können.

Tor zum Wildnisgebiet
Etwa 1 Kilometer weiter, der Talstraße folgend, beginnt das für Österreich einzigartige Wildnisgebiet Dürrenstein mit seinen eindrucksvollen Naturlandschaften.
Entlang des nordwärts fließenden Windischbaches finden Sie unseren „Eulenerlebnisweg“, der Familien, weniger sportliche Personen, aber auch Radfahrer, zu einem Besuch einlädt. Im Talschluss, am Ende des Eulenweges, beginnt ein anspruchsvoller Fußweg, der über den Tremelsattel nach Fachwerk und Wildalpen in die Steiermark führt. Nach Osten, Blickrichtung Dürrenstein, öffnet sich das Schluchttal der Hundsau.
Im gesamten Wildnisgebiet sollen natürliche Prozesse ohne Einfluss des Menschen ablaufen können. Zum Schutz der empfindlichen Lebensgemeinschaften, ebenso wie zum Schutz der BesucherInnen ist im Wildnisgebiet das freie Betretungsrecht des Waldes aufgehoben. Es dürfen nur die offiziellen Wanderwege und die auf der nebenstehenden Karte dargestellten Wege benutzt werden.
Beteiligen Sie sich am Erhalt dieser wertvollen Lebensgemeinschaften, indem Sie das Wegegebot einhalten.
Ihre Wildnisgebietsverwaltung
Homepage: www.wildnisgebiet.at
Email: office@wildnisgebiet.at
ÖSTERREICHISCHE BUNDESFORSTE
Wo die Natur zu Hause ist.

enstein
WILDNIS
DÜRRENSTEIN
Leckermoor
Wildnisgebiet
Markierte Wanderwege
Anfahrtsstraßen
Standort
Naturerlebnisse im Gemeindegebiet Göstling/Ybbs bietet Ihnen der
des „Moorerlebnisweges" im Naturschutzgebiet Leckermoor und bei
, südlich von Göstling, die Schautriftanlage Mendlingtal.
formationen dazu erhalten Sie beim Tourismusverein Göstlinger Alpen
unter 07484/5020-19 oder info@goestling-hochkar.at.
Think!
ZKW
St!bl
Sachverständigenbüro

Wildnis ist unerschlossen und manchmal unbequem

Meist weniger anstrengend, aber dafür umso informativer sind die Exkursionen, die zu verschiedenen Themen angeboten werden. Unter fachkundiger Leitung wird das Gebiet entlang von verschiedenen Routen erwandert und den Besuchern werden die Bedeutung von Wildnis sowie Zusammenhänge im Naturkreislauf vermittelt. Bei unseren Bildungsangeboten soll es aber nicht ausschließlich um Wissensvermittlung gehen, sondern auch die emotionale Ebene soll angesprochen werden. So bleibt das Gehörte für einen längeren Zeitraum im Gedächtnis und wird mit einem positiven Erlebnis assoziiert. Je nach gewählter Wanderung werden die unterschiedlichsten Lebensräume und die darin vorkommenden Lebewesen vorgestellt. Die Exkursionsführer versuchen – unter Einbeziehung der historischen Entwicklung – Verständnis für den Ist-Zustand zu erzeugen und die überregioanle Bedeutung von (Groß)-Schutzgebieten wie dem Wildnisgebiet zu vermitteln.

Der Gipfel des Dürrensteins kann entlang von markierten Wegen erwandert werden

Foto Seite 258: Der Mensch als Besucher darf die Entwicklung der Lebewelt nicht beeinflussen. Sperberweibchen bei der ungestörten Aufzucht ihrer Jungen

Bärnsteinmauer im Frühsommer ...

... und Herbst

Höhlensee der „Gamsbleamlhöhle“

Der Dürrensteinstock mit dem Scheiblingstein ist der höhlenreichste Berg Niederösterreichs. Bisher wurden von Forschern 366 Höhlen und Schächte erfasst und kartiert. Die größte Höhle ist der „Arenaschacht“ mit einer vermessenen Länge von 1.299 Metern. Zu den Besonderheiten im Wildnisgebiet gehören der tiefste Direktschacht Niederösterreichs mit einem senkrechten Abstieg von 160 Metern und die „Gamsbleamlhöhle“. In dieser erst im Jahr 2009 entdeckten Höhle befindet sich ein Höhlensee mit einer Wasserfläche von ca. 170 m². Bei einer Wassertiefe von mehr als 10 Metern liegt die Temperatur mit konstanten vier Grad Celsius bei der Jahresdurchschnittstemperatur des Urwaldes.

Fotos Seite 265 und 266: Viele unserer Besucher stehen mit Ehrfurcht vor der Schönheit und der Regenerationskraft der Natur

Foto Seite 270: Wasser in all seinen Aggregatzuständen ist ein kraftvoller Gestalter

Der Winter ist für alle Bewohner des Wildnisgebietes ein Kampf um's Überleben ...

Das Wildnisgebiet Dürrenstein ist ein Schutzgebiet von herausragendem Rang, dessen Erhalt auch weiterhin eine wichtige gesellschaftliche Aufgabe sein wird. Die Verantwortlichen sind stolz, dieses Gebiet betreuen zu dürfen. Gleichzeitig können wir Schutzgebiete wie das Wildnisgebiet und unsere Nationalparke nicht als „Feigenblatt" verwenden, denn wenn wir unsere Anstrengungen zum Erhalt des natürlichen Lebensraumes ausschließlich auf Schutzgebiete beschränken, werden wir unseren Enkeln und Urenkeln nicht mehr viel an lebenswerter Umwelt hinterlassen. Wir müssen endlich lernen, unsere verbleibenden Ressourcen nachhaltig, sinnvoll und umweltschonend einzusetzen sowie unseren Intellekt zum Wohle unseres Planeten und all seiner Bewohner zu nutzen. Denn eines ist klar: Uneingeschränktes Wachstum in einem „geschlossenen" System wie unserem „Raumschiff Erde", führt unweigerlich zum Kollaps!

... daher ist das Ausüben von Wintersportarten aufgrund ihrer großen Störwirkung im Wildnisgebiet untersagt

FOTONACHWEIS

Fischer Walter
Seite: 264 (2x)
Fledermauskundliche Arbeitsgemeinschaft
Seite: 104
Forstverwaltung Langau
Seite: 57
Glader Hans
Seite: 14, 16, 18, 52, 58, 68, 145, 150, 154 (3x), 162, 171, 172, 202, 212 (3x), 215, 223m, 280u, Schutzumschlag
Hochebner Thomas
Seite: 64, 65
Kovacs Franz
Seite: 20, 24, 232o
Kupelwieser Vera
Seite: 248
Kust Theo
Seite: 3, 10, 14, 27, 30 (2x), 33, 36 (2x), 37 (2x), 44, 45m, 50 (2x), 51, 55, 60o, 61, 68u, 73, 74, 75, 76o, 78, 83, 90, 94u, 97, 98, 99o, 106u, 125 (2x), 126, 127 (2x), 128, 130, 142u, 147o, 148, 152, 153u, 156, 160o, 161, 174, 175, 188, 191u, 194, 200, 205, 206u, 207u, 210, 211 (3x), 214o, 216, 218, 222, 226u, 233, 234, 235o, 238, 242, 246, 247, 249, 251 (3x), 260, 265, 269m.u, 272, 274, 276, 281, Schutzumschlag
Leditznig Christoph
Seite: 19, 26, 32, 41 (2x), 46, 54 (2x), 60u, 62, 66 (2x), 67 (2x), 69, 70, 81, 82, 86, 89, 94o, 95 (2x), 99u, 100, 102, 106o, 107, 112, 115u, 118, 120 (2x), 121 (2x), 122, 124 (2x), 132, 133, 138, 141, 142o, 143, 144, 146, 157, 158, 159 (2x), 160u, 164o, 165, 167 (2x), 168, 170 (3x), 176 (2x), 178, 182, 186, 189, 190, 192, 193, 196 (3x), 197 (3x), 198, 201, 204, 206o, 207o, 208 (2x), 213 (3x), 214u, 220, 223o+u, 224 (2x), 225u, 226o, 228o, 229, 230, 235u, 236, 239 (3x), 240, 244, 245o, 250 (3x), 252o, 253u, 254, 257 (2x), 258, 261 (2x), 262, 268 (2x), 269o, 270, 271o, 277o, 278, 279 (2x), 280o, Schutzumschlag
Leditznig Thomas
Seite: 21
Leditznig Wilhelm
Seite: 108 (2x), 109, 166u
Limberger Josef
Seite: 116
Mauthe Markus
Seite: 12, 38
Mayr Roland
Seite: 114, 136, 166o
Pekny Reinhard
Seite: 22, 40 (2x), 45u, 80, 88, 155, 282, Schutzumschlag
Pennerstorfer Josef
Seite: 127l.u
Pötscher Johannes *
Seite: 28, 34, 42, 56, 92, 110, 180, 184, 266

Rundköpfige Teufelskralle

Fotos Seite 272, 274, 276 und 281: Frühwinterliche Impressionen

Kratzdistel

Waldkauz mit erbeuteter Waldmaus

Rotheneder Gerhard
Seite: 115o, 119
Szabo Franz
Seite: 48, 275
Zehetner Johann
Seite: 72, 76u, 87, 134 (3x), 135, 139u, 140, 144u, 147u, 164u, 177, 178u, 187, 188u, 191o.m, 225o, 228u, 232u, 245u, 252u, 253o, 256 (2x), 271u, 277u

* Die Aufnahmen wurden im Wildnisgebiet Dürrenstein für die 3D-Schau des Nationalparks Gesäuse „Die Zukunft ist wild" aufgenommen und für dieses Buch zur Verfügung gestellt

VERWENDETE UND WEITERFÜHRENDE LITERATUR

Gebirgsschrecke

Baar, A. & W. Pölz (2001): Fledermauskundliche Kartierung des Wildnisgebietes Dürrenstein und seiner Umgebung. In: LIFE-Projekt Wildnisgebiet Dürrenstein, Forschungsbericht. Amt der NÖ Landesregierung, Abt. Naturschutz, St. Pölten, pp. 50-61

Dietrich, C. (2001): Erfassung der Ameisen *(Hymenoptera: Formicidae)* im Rahmen des LIFE-Projektes Wildnisgebiet Dürrenstein. In LIFE-Projekt Wildnisgebiet Dürrenstein, Forschungsbericht. Amt der NÖ Landesregierung, Abt. Naturschutz, St. Pölten, pp. 231-258.

Ellmauer, T. (2011): Die Blumen des Wildnisgebietes Dürrenstein. Hrsg. Schutzgebietsverwaltung Wildnisgebiet Dürrenstein, Scheibbs, 308 pp.

Frank, G. & T. Hochebner (2001): Erfassung der Spechte – insbesondere des Weißrückenspechtes *(Picoides leucotos)* im Rahmen des LIFE-Projektes Wildnisgebiet Dürrenstein. In: LIFE-Projekt Wildnisgebiet Dürrenstein, Forschungsbericht. Amt der NÖ Landesregierung, Abt. Naturschutz, St. Pölten, pp. 116-148

Gamerith, W. (2012): Ötscherland – Natur erleben zwischen Bauernland und Bergwildnis. Tyrolia Verlag, 223 pp.

Gossow, H. (2001): LIFE-Projekt Wildnisgebiet Dürrenstein – Managementplan. Amt der NÖ Landesregierung, Abt. Naturschutz, St. Pölten, 88 pp.

Kovacs, G. et. al. (2001): Mykologische Erhebungen im Rahmen des LIFE-Projektes Wildnisgebiet Dürrenstein. In LIFE-Projekt Wildnisgebiet Dürrenstein, Forschungsbericht. Amt der NÖ Landesregierung, Abt. Naturschutz, St. Pölten, pp. 41-49.

Kust, T. & F. Ressl (2001): Hymenoptera im Wildnisgebiet Dürrenstein. In LIFE-Projekt Wildnisgebiet Dürrenstein, Forschungsbericht. Amt der NÖ Landesregierung, Abt. Naturschutz, St. Pölten, pp. 259-284.

Leditznig, C. & R. Pekny (2008): Die Brutvögel des Wildnisgebietes Dürrenstein. Hrsg. Schutzgebietsverwaltung Wildnisgebiet Dürrenstein, Scheibbs, 200 pp.

Leditznig, C. & R. Pekny (2009): Die Säugetiere des Wildnisgebietes Dürrenstein. Hrsg. Schutzgebietsverwaltung Wildnisgebiet Dürrenstein, Scheibbs, 156 pp.

Leditznig, C. & W. Leditznig (2006): Bestandessituation des Schwarzstorchs *(Ciconia nigra)*, des Steinadlers *(Aquila chrysaetos)*, des Wanderfalken *(Falco peregrinus)* und des Uhus *(Bubo bubo)* in der „Special Protection Area" (SPA) „Ötscher-Dürrenstein". In Greifvögel und Eulen in Österreich. Gamauf A. & H.-M. Berg (Hrsg.), Naturhistorisches Museum Wien, pp. 143-164

Großer Braunrüssler

Schwarzstorch

Mayer, H. (1987): Urwaldreste, Naturwaldreservate und schützenswerte Naturwälder in Österreich. Boku, Wien, 971 pp.

Muhar, A. & C. Leditznig (2004): Besuchermanagement in einem Wildnisgebiet – Zielkonflikte und Lösungsansätze am Beispiel Wildnisgebiet Dürrenstein, Niederösterreich. Naturschutz und Landschaftsplanung, Heft 3, 36. Jg. pp. 78-83

Nopp-Mayr, U., G. Muralt, S. Schickmann & A. Gall (2006): Kleinsäuger im Wildnisgebiet Dürrenstein. In: Störgrößen und Steuermechanismen in der Bergwalddynamik – Ein Forschungsprojekt im Wildnisgebiet Dürrenstein – Endbericht. Hrsg. Universität für Bodenkultur, Wien, 23 pp.

Pekny, R. (2006): Wildnisentwicklung und wildnisbezogene Umweltbildung in Österreich. In: Wagnis Wildnis – Wildnisentwicklung und Wildnisbildung in Mitteleuropa. Hrsg. Zucchi, H. & P. Stegmann, München, pp. 105-116

Pekny, R. (2009): Wildtiermanagement. Hrsg. Schutzgebietsverwaltung Wildnisgebiet Dürrenstein, Broschüre, 26 pp.

Pekny, R. & C. Leditznig (2002): Visitor Management in the Wilderness Area Dürrenstein, Lower Austria Kalkalpen. In: Monitoring and Management of Visitor Flows in Recreational and protected Areas, Vienna, pp. 84-88

Pekny, R. & C. Leditznig (2012): Die Fische, Amphibien und Reptilien des Wildnisgebietes Dürrenstein. Hrsg. Schutzgebietsverwaltung Wildnisgebiet Dürrenstein, Scheibbs, 68 pp.

Foto Seite 282
Ein „blutender“ Baumschwamm

Pennerstorfer, J., W. Schweighofer & G. Rotheneder (2013): Die Tagfalter des Wildnisgebietes Dürrenstein. Hrsg. Schutzgebietsverwaltung Wildnisgebiet Dürrenstein, Scheibbs, 232 pp.

Schutzgebietsverwaltung Wildnisgebiet Dürrenstein (2013): Managementplan Wildnisgebiet Dürrenstein 2013 – 2022. Unveröffent., 70 pp

Splechtna, B. & D. König (2001): Kartierung der FFH Lebensraumtypen im Wildnisgebiet Dürrenstein. In LIFE-Projekt Wildnisgebiet Dürrenstein, For-schungsbericht. Amt der NÖ Landesregierung, Abt. Naturschutz, St. Pölten, pp. 7-30.

Tippelt, W. (2001): Der Ötscher. radinger.print, Scheibbs, 648 pp.

Waitzbauer, W. (2001): Zur Kenntnis der Dipterenfauna im Wildnisgebiet Dürrenstein (Niederösterreichische Kalkalpen): *Syphridae* - Schwebfliegen, *Asilidae part.* - Raubfliegen, *Coenomyidae* - Stinkfliegen und *Xylophagidae* - Holzfliegen in ihrer Bedeutung als Leitformen für verschiedene Lebensräume. In LIFE-Projekt Wildnisgebiet Dürrenstein, Forschungsbericht. Amt der NÖ Landesregierung, Abt. Naturschutz, St. Pölten, pp. 205-258.

Rothirsch

Wöss, M. (2001): Erfassung der Raufußhühner im Rahmen des LIFE-Projektes Wildnisgebiet Dürrenstein. In: LIFE-Projekt Wildnisgebiet Dürrenstein, Forschungsbericht. Amt der NÖ Landesregierung, Abt. Naturschutz, St. Pölten, pp. 62-82

Zabransky, P. (2001): Xylobionte Käfer im Wildnisgebiet Dürrenstein. In LIFE-Projekt Wildnisgebiet Dürrenstein, Forschungsbericht. Amt der NÖ Landesregierung, Abt. Naturschutz, St. Pölten, pp. 149-179.

Zukrigl, K. (1978): Der Rothwald als Forschungsobjekt. AFZ.24, pp 700-702

REGISTER

A

B